Adele und Helmut Pirc

Besondere Obstarten

Anbau und Rezepte von Indianerbanane, Jujube, Apfelbeere & Co.

Leopold Stocker Verlag
Graz – Stuttgart

Umschlaggestaltung:
Werbeagentur Rypka GmbH, 8143 Dobl/Graz, www.rypka.at
Titelbild Vorderseite: A Wild Emotion
Titelbilder Rückseite: A Wild Emotion: ganz oben, 2. Bild links; Helmut Pirc: 1., 3. und 4. Bild links.

Alle Abbildungen, so nicht anders angegeben, stammen dankenswerterweise von den Autoren.

Bibliografische Information der Deutschen Nationalbibliothek
Die Deutsche Nationalbibliothek verzeichnet diese Publikation in der Deutschen Nationalbibliografie; detaillierte bibliografische Daten sind im Internet unter http://dnb.d-nb.de abrufbar.

Hinweis: Dieses Buch wurde auf chlorfrei gebleichtem Papier gedruckt. Die zum Schutz vor Verschmutzung verwendete Einschweißfolie ist aus Polyethylen chlor- und schwefelfrei hergestellt. Diese umweltfreundliche Folie verhält sich grundwasserneutral, ist voll recyclingfähig und verbrennt in Müllverbrennungsanlagen völlig ungiftig.

Auf Wunsch senden wir Ihnen gerne kostenlos unser Verlagsverzeichnis zu:
Leopold Stocker Verlag GmbH
Hofgasse 5/Postfach 438
A-8011 Graz
Tel.: +43 (0)316/82 16 36
Fax: +43 (0)316/83 56 12
E-Mail: stocker-verlag@stocker-verlag.com
www.stocker-verlag.com

ISBN 978-3-7020-1922-8

Layout und Repro: Werbeagentur Rypka GmbH, 8143 Dobl/Graz

INHALT

VORWORT

Das Thema Wildobst liegt momentan absolut im Trend, wie z. B. aus Zeitschriften, Fernsehsendungen und dem Seminarangebot zu ersehen ist. Besonders in Zeiten des Covid19 haben wir die Erfahrung gemacht, dass sich sehr viele Menschen wieder auf gesundes und alternatives Obst im eigenen Hausgarten besinnen.

Das vorliegende Buch beschreibt 40 bei uns winterharte Wildobst- und besondere Obstarten sowie deren Verarbeitungsschritte bzw. deren Einsatzmöglichkeiten in der Küche. Die vorgestellten Obstarten sind teils echte „Wildobstarten", größtenteils aber handelt es sich hierbei um qualitativ hochwertige Auslesen von Wildobstarten mit reicherem Fruchtertrag, größeren Früchten (die zur Verarbeitung besser geeignet sind) oder höherem Gehalt an Inhaltstoffen. Es werden zum Beispiel großfruchtige Kornelkirschen-Sorten, selbstfruchtbare Indianerbananen und Kiwiberries, inhaltstoffreiche Holunder- und Sanddornsorten vorgestellt.

Der Erfahrungsschatz jahrzehntelanger Beschäftigung mit diesem Thema (siehe auch „Enzyklopädie der Wildobst- und seltenen Obstarten", Vorträge und Praxisseminare zu diesem Thema) macht dieses Buch einzigartig. Die Verarbeitung der Früchte wird Schritt für Schritt aufgezeigt, zahlreiche Tipps und Hinweise aus der Praxis ergänzen den informativen Text. Alle Rezepte, sowohl die eigens entwickelten, aber auch übernommene und modifizierte Rezepte, wurden von den Autoren selbst zubereitet und bewertet.

Bei der Verarbeitung der Früchte und den Rezepten wurde besonderes Augenmerk darauf gelegt, dass nicht die Zuckersüße, sondern immer der Eigengeschmack der Früchte im Vordergrund bleibt.

Die Ernte der Früchte sowie die weitere Vorgangsweise bis zum fertigen Verarbeitungsprodukt kann so, wie in diesem Buch beschrieben, direkt nachvollzogen werden. In zahlreichen Praxistipps und Hinweisen wird auf die Besonderheiten der vorgestellten Früchte eingegangen.

Das Buch ist durchgehend reich bebildert, Bilder der Früchte sowie der Verarbeitungsschritte werden durch eigens angefertigte Produktfotos in hervorragender Qualität ergänzt.

Es gibt bislang kein vergleichbares Werk, in welchem eine so große Anzahl an besonderen Obstarten, deren Verarbeitungsmöglichkeiten bis hin zu erprobten Rezepten durchgehend auf hohem Niveau behandelt werden. Es gibt inzwischen einige Bücher, die ausschließlich (die für den Hausgarten nur bedingt empfehlenswerten) Wildobstarten beschreiben.

Andere Bücher stellen ausschließlich Rezepte vor, ohne auf die Verarbeitung der Obstarten einzugehen. Deshalb ist das in dieser Form vorliegende umfangreiche Werk einzigartig.

Die von uns produzierten exquisiten und einzigartigen Produkte aus Wildobst und besonderen Obstarten werden im hofeigenen „Wildobstladen" sowie per Webshop angeboten. Das Buch wendet sich an Hobbygärtner und Gartenbesitzer, allgemein an Wildobst und besonderen Obstarten interessierte Menschen sowie Landwirte auf der Suche nach Alternativkulturen.

WAS WIR MIT DIESEM BUCH VERMITTELN MÖCHTEN

In diesem Buch werden zwar auch Wildobstgehölze behandelt, aber das Hauptaugenmerk liegt bei den seltenen oder besonderen Obstarten. Es werden sowohl Auslesen aus heimischen, vorwiegend jedoch wenig bekannte Obstarten aus anderen Ländern angesprochen. Sie sind allesamt bei uns ausreichend winterhart und für die Verwendung in unseren Gärten geeignet.

Anhand des **Pflanzenportraits** kann sich der Leser einen Überblick verschaffen. Die Eignung für die jeweilige Gartensituation wird im folgenden Kapitel erörtert. Im Kapitel **„Allgemeines"** gibt es Hinweise zu den verschiedensten Themen z. B. zur Pflanze, deren Verwertung, Vermehrung etc. Die Verwendung der verschiedenen Pflanzenteile in der Volksmedizin, ergänzt durch die Nutzung bzw. Bedeutung in der aktuellen Medizin, ist unter **„Gesundheitliche Wirkung"** nachzulesen.

Die weiteren Kapitel beschreiben die Früchte und deren Geschmäcker sowie Reifezeiten, **Ernte und Lagerungsmöglichkeiten** mit zahlreichen praktischen Tipps. Zu guter Letzt beschäftigt sich ein wesentlicher Teil des Buches mit der nicht immer einfachen **Verarbeitung** der Früchte. Anschließend werden jeweils einige **Rezepte** vorgestellt, welche die besonderen Geschmackseigenschaften der jeweiligen Frucht in den Vordergrund stellen.

Verwendet werden fast ausschließlich Früchte und Zutaten, die im eigenen Garten wachsen und gedeihen. Die Rezepte sind auf die wesentlichen Zubereitungen beschränkt, die man nach Lust und Laune mit anderen Speisen oder Zubereitungen kombinieren, ergänzen und veredeln kann. Beispielsweise verschiedene Marmeladen als Füllung für Palatschinken, Torten oder Weihnachtsbäckereien. Viele Rezept-Komponenten aus anderen Kochbüchern sind austauschbar! Seien Sie kreativ und probieren Sie die hier vorgestellten besonderen Obstarten in Ihren gewohnten Rezepten aus. Wir legen großen Wert auf Geschmacksvielfalt. Das bedeutet auch, dass das eine oder andere Produkt bitter, säuerlicher oder herber ist als herkömmliche bekannte Zubereitungen. Lassen Sie sich auf dieses Geschmackserlebnis ein!

WIE KANN ICH WILDOBST, OBST UND SELTENE OBSTARTEN UNTERSCHEIDEN?

WILDOBST

Was ist „Wildobst" eigentlich? Spricht man von Wildobst, so meint man damit essbare Früchte von züchterisch nicht bearbeiteten Pflanzen, die in der freien Natur wachsen, die vom Menschen gesammelt und entweder frisch verzehrt oder zu diversen Produkten verarbeitet werden. Diese Fruchtsträucher und -bäume sind ausschließlich aus Samen hervorgegangen. Sie weisen eine hohe genetische Vielfalt bezüglich ihres Aussehens, Fruchtgröße und -ertrag, Inhaltstoffe etc. aus.

In der Natur gesammelte Früchte waren schon immer ein wesentlicher Bestandteil der menschlichen Nahrung. Die Nutzung von Wildobst, z. B. von Kornelkirschen und Schlehdorn, ist spätestens seit der Hallstattzeit belegt. Man hat bei Ausgrabungen in Siedlungen der Bewohner dieses Volkes unter anderem Steinkerne von Wildobst-Arten (z. B. Schlehe und Kornelkirsche) gefunden.

Im letzten Jahrhundert sind viele Wildobstarten in Vergessenheit geraten, weil sie durch Züchtung und Auslese besserer Kultursorten verdrängt wurden. Die modernen Medikamente und synthetisch hergestellte Wirkstoffe haben dazu beigetragen, dass auch das Wissen um die Heilkraft der Wildfrüchte vielfach verloren gegangen ist. Heute besinnt man sich wieder der guten Eigenschaften von Wildobst. Manche Arten werden inzwischen als Wellness-Food teuer vermarktet.

Auch in der Naturheilkunde werden die „sanften" natürlichen Wirkstoffe eingesetzt, die in vielen Wildfrüchten in ausgewogenem Verhältnis vorhanden sind.

OBST

Als Obst verstehen wir Früchte, die man direkt, also roh, essen kann. Sie wachsen in der Regel auf Bäumen oder Sträuchern, die ein mehr oder minder starkes Holzgerüst entwickeln. Allerdings werden Erdbeeren und die Kapstachelbeere auch dem „Obst" zugerechnet, obwohl diese Früchte von Stauden oder nicht verholzenden Pflanzen stammen.

Herkömmliches Obst (Obstarten und -sorten) stammt von Pflanzen, die im Laufe der Zeit züchterisch bearbeitet wurden. Diese Pflanzen werden immer vegetativ (durch Veredelung, Steckling, Steckholz, Wurzelausläufer etc.) vermehrt. Das bedeutet, dass alle Nachkommen, sowohl die Pflanzen als auch deren Früchte, mit jenen der Mutterpflanze ident sind. Das ist in diesem Fall erwünscht, aber es gibt hier keine genetische Vielfalt mehr. Jeder Apfel einer Sorte, jede Birne einer Sorte etc. sind bezüglich Reifezeit, Aussehen, Geschmack, Inhaltstoffen etc. mit jenen der Ausgangssorte ident.

SELTENE OBSTARTEN

Bis hierher ist die Sache relativ einfach. Es gibt aber zahlreiche Übergänge zwischen „Wildobst" und dem herkömmlichen „Obst".

Betrachten wir das Beispiel des Apfels: Die Wildform (*Malus sieversii*) unseres Kulturapfels stammt aus Kasachstan und Kirgisien. Dort wachsen die wilden Apfelbäume seit jeher und deren Früchte weisen eine extrem hohe genetische Variabilität bezüglich Form, Farbe und Geschmack auf. Dieser Wildapfel ist also eine echte Wildobstart. Unsere Kulturäpfel sind allesamt aus Auslesen und gezielten Züchtungen dieser bereits vor langer Zeit eingeführten Wildform hervorgegangen. Sie werden vegetativ (vorwiegend durch Veredelung) vermehrt, sie sind also eindeutig dem richtigen „Obst" zuzuordnen.

Am Beispiel des heimischen Holunders (*Sambucus nigra*) wird das schon etwas komplizierter. Der Holunder in unserer Kulturlandschaft ist natürlich ein Wildgehölz, seine Früchte sind eindeutig dem Wildobst zuzuordnen. Vom Holunder wurden seit vielen Jahrzehnten Pflanzen ausgelesen (z. B. 'Haschberg'), deren Früchte deutlich höhere Werte an Inhaltstoffen, Farbstoffen etc. aufweisen. Diese Sorten werden vegetativ vermehrt, sind genetisch einheitlich und werden plantagenmäßig kultiviert. Ist die Sorte 'Haschberg' nun dem Obst zuzurechnen? Holunder kann man auch nicht roh essen! 'Haschberg' ist aber definitiv kein Wildobst mehr. Hier wird der Begriff „Seltene Obstart" oder „Besondere Obstart" verwendet.

Sehen wir uns das Beispiel der Kornelkirsche (*Cornus mas*) an. Früchte von Pflanzen, die in der freien Landschaft wachsen, sind eindeutig Wildobst. Wenn wir irgendeine dieser Pflanzen ausgraben und im Garten auspflanzen, dann haben wir eine Pflanze, deren Früchte eindeutig noch dem Wildobst zuzuordnen sind. Wenn wir in der freien Landschaft eine Pflanze mit doppelt so großen oder andersfarbigen

(z. B. gelben) Früchten antreffen, diese ausgraben und im Garten auspflanzen, was haben wir dann?

Ist das dann immer noch Wildobst? Wenn wir diese Pflanze nun vegetativ vermehren und im Garten mehrere Pflanzen dieses (z. B. großfruchtigen) Typs pflanzen, dann haben wir eigentlich kein echtes Wildobst mehr, denn die Auslese ist ja bereits ein Vorgang der „Züchtung". Es ist natürlich auch kein richtiges Obst. Wir würden dieses Auslesen als „Seltene oder Besondere Obstart" bezeichnen. Nun werden diese großfruchtigen Sorten (z. B. 'Jolico', 'Kasanlaker' etc.) plantagenmäßig kultiviert. Wir haben hier dasselbe Problem mit der Bezeichnung wie schon vorher beim Holunder 'Haschberg'. Deshalb werden wir auch für diese Auslesen/Sorten den Begriff „Seltene Obstart" oder „Besondere Obstart" verwenden.

Es gibt aber auch Gehölze mit essbaren Früchten, die bei uns nicht heimisch sind, aber durch Samen vermehrt werden können, z. B. die Korea- oder Filz-Kirsche (*Prunus tomentosa*) oder die Felsenbirne (*Amelanchier lamarckii*).

Nach vorhin angeführter Begriffsbestimmung wären die Früchte der Korea-Kirsche also ein echtes Wildobst. Der Begriff „Wildobst" lässt vermuten, dass diese fruchttragenden Pflanzen bei uns heimisch sind. Das trifft im Falle der Korea-Kirsche aber nicht zu. Deshalb bezeichnen wir diese und ähnliche bei uns nicht heimischen fruchttragenden Gehölze auch als „Seltene oder besondere Obstarten".

Auch nicht heimische Pflanzen, die nur geringfügig (z. B. durch Auslesen aus Wildformen) entstanden sind und vegetativ vermehrt werden (wie z. B. die Kiwiberry, *Actinidia arguta*), sind also „Seltene Obstarten". Von den Kiwiberries gibt es inzwischen sehr viel Sorten, die durch Züchtung (Kreuzungen) mit anderen Arten entstanden sind und vegetativ vermehrt und in Plantagen kultiviert werden. In diesem Fall könnten wir beinahe schon den Begriff „Obst" verwenden. Weil sich diese „Kiwiberries" vom echten Obst aber doch deutlich unterscheiden und im Verhältnis zu diesem nur in geringem Ausmaß kultiviert werden, scheint mir hier der Begriff „Seltene oder Besondere Obstart" doch geeigneter.

Die Früchte des Kakibaumes (*Diospyros kaki*) werden aufgrund der Züchtung, des Wuchses und dem Aussehen der Früchte inzwischen weitgehend als echte „Obstart" geführt.

Ist die Indianerbanane (*Asimina triloba*) auch richtiges Obst? Von dieser Art gibt es inzwischen einige sehr interessante Auslesen (Sorten) mit geschmacklich hervorragenden Früchten. Wegen ihres baumförmigen Wuchses und der wohlschmeckenden Früchte müssen diese eigentlich als echte „Obstart" eingestuft werden.

Allerdings möchten wir die Indianerbanane wegen ihres geringen Bekanntheitsgrades und der nur geringfügigen Veränderung durch Züchtung trotzdem als „Seltene oder Besondere Obstart" einstufen.

WAS IST SO BESONDERS AN DEN „SELTENEN OBSTARTEN"?

In diesem Buch werden 40 seltene oder besondere Obstarten vorgestellt. Auch einige Wildobstarten befinden sich darunter. Dies ist nur eine Auswahl, es gibt aber viel mehr interessante Arten, die hier aus Platzgründen nicht angeführt werden.

Viele Gründe sprechen dafür, diese besonderen Obstarten im Garten anzupflanzen. Meist sind es Sträucher oder kleinere Bäume, die auch im kleinen Garten verwendet werden können. Mit der Vielfalt der Pflanzen steigt gleichzeitig die Artenvielfalt der Tiere, allen voran auch jene der Nützlinge. Abgesehen davon sind diese Pflanzen ohnehin sehr anspruchslos und kaum anfällig für Krankheiten und Schadinsekten. Wetterkapriolen der letzten Jahre und die Klimaveränderung haben zur Folge, dass in manchen Jahren die herkömmliche Obsternte beinahe zur Gänze ausfällt.

Die besonderen Obstarten sind als Ergänzung zum normalen Obst auch deshalb so wichtig, weil auch bei noch so ungünstigen Bedingungen immer besondere oder Wildobstarten darunter sind, die trotzdem garantiert fruchten.

FRUCHTGENUSS VOM FRÜHSOMMER BIS ZUM HERBST

Natürlich steht hier in erster Linie die Nutzung der Früchte im Vordergrund. Diese kann man entweder direkt von den Sträuchern naschen oder zu feinen Produkten verarbeiten. Sie reifen sukzessive über einen sehr langen Zeitraum. Beginnend mit der Maibeere oder Kamtschatka-Beere, die bereits ab Ende Mai zum Naschen einlädt, bis hin zu Kiwiberries, Indianerbananen und Persimonen, die erst spät bis in den Oktober hinein heranreifen.

Den ganzen Sommer über kommen laufend immer wieder neue Früchte auf den Tisch. Nach der schmackhaften Maibeere folgt Anfang Juni die süße Felsenbirne (engl. Juneberry), gefolgt von der feinfruchtigen Korea-Kirsche. Anfang August sind bereits die ersten gelbfruchtigen Kornelkirschen reif. Diesen fehlt der herbe Geschmack der roten Kornelkirschen, man kann sie frisch vom Strauch naschen. Süße Feigen, fruchtige Weinbeeren und viele weitere Spezialitäten ergänzen das Naschfrucht-Sortiment im Sommer. Dazu kommen noch Verarbeitungsfrüchte wie Sanddorn, Apfelbeeren und Vogelbeeren.

GESCHMACKSERLEBNISSE AUF HÖCHSTEM NIVEAU

Wir haben weitgehend verlernt, die verschiedenen Geschmacksnoten zu erleben, weil die industriell hergestellten Lebensmittel mit sehr viel Zucker versehen und durch unzählige chemische Substanzen (z. B. Geschmacksverstärker etc.) verändert sind. Mit den besonderen Obstarten eröffnet sich uns eine ungemein große, bislang nicht genutzte Geschmacksvielfalt. Süß sind auch die herkömmlichen Obstarten. Wegen der vielen wertvollen Inhaltstoffe (Mineralstoffe, Vitamine, Farbstoffe, Fruchtsäuren etc.) hat aber jede besondere Fruchtart ihre eigene Geschmacksnote. Oft sind es nur dezente Nuancen (z. B. leichter Mandel- oder Marzipangeschmack). Besonders süß schmecken Feigen und Korea-Kirschen. Der Geschmack der Indianerbanane ist unvergleichlich exotisch, hier kommt es zu einer Mischung der Geschmacksnoten mehrerer tropischer Früchte wie Bananen, Ananas, Mango etc. Andere wiederum schmecken sehr sauer, wie die Berberitze, Sanddorn oder die Zitronenquitte. Herb oder bitter schmecken beispielsweise die Apfelbeere und die Vogelbeere, sie können zu in verarbeiteter Form ausgezeichneten Produkten wie Chutneys verarbeitet werden.

Es ist uns ein Anliegen, diese Geschmacksvielfalt wieder zu beleben. Deshalb verarbeiten wir die Früchte (z. B. zu köstlichen Marmeladen) meist in reiner Form ohne weitere Zutaten (außer Gelierzucker). Einige Früchte entfalten ihren besonderen Geschmack erst so richtig, wenn sie z. B. mit sauren Früchten, wie dem Sanddorn oder der Zitronenquitte, kombiniert werden. Bei einigen Früchten ergibt eine Mischung mit einer zweiten Art (z. B. süß und sauer) ein besonderes Geschmackserlebnis. Die süßen Früchte bieten sich neben dem Frischverzehr zur Verarbeitung zu Fruchtmus, Smoothies und köstlichen Marmeladen an. Wir möchten aber auch die sauer und herb schmeckenden Marmeladen nicht missen, sie zählen inzwischen zu unseren Favoriten. Herb bzw. süß-sauer, aber immer mit einer besonderen Geschmacksnote sind unsere Chutneys. Sie verfeinern Käsespezialtäten und Fleischgerichte ungemein.

IN DER VOLKSHEILKUNDE SEIT JAHRHUNDERTEN BEWÄHRT

Die Früchte von Wildobstarten, aber auch andere Pflanzenteile wie Blüten, Blätter, die Rinde oder Wurzeln werden in der Volksheilkunde seit Jahrhunderten verwendet und kommen auch heute noch in der Alternativmedizin zum Einsatz. Das gilt im Wesentlichen auch für die besonderen Obstarten. Viele der Inhaltstoffe haben nachgewiesenermaßen eine positive Wirkung auf den menschlichen Körper, einige werden auch medizinisch getestet. Andere wiederum, z. B. die Goji-Beere und die Schisandra-Beere (5-Geschmacksfrucht), werden heute als Superfood angepriesen, obwohl deren zugesicherte Wirkung wissenschaftlich nicht nachgewiesen ist. Die pharmazeutische Forschung ist immer wieder auf der Suche nach neuen natürlichen Stoffen für Medikamente. Die Sibirische Blaubeere, aber auch die Indianerbanane u. a. m. werden für diese Zwecke auf ihre Inhaltstoffe und deren Einsatzmöglichkeiten untersucht.

BESONDERE OBSTARTEN UND WILDOBST-ARTEN IM GARTEN

Wildobstarten sind für kleine Gärten weniger gut geeignet. Ausnahmen sind zum Beispiel Felsenbirnen, Ebereschen oder Zieräpfel (auch darunter gibt es Wildformen!) als Solitärsträucher oder Einzelbäume, sie kommen im Vorgarten besonders gut zur Geltung.

DIE WILDOBSTHECKE BENÖTIGT VIEL PLATZ

Wildobstarten benötigen viel Raum und sind wichtige Elemente des Naturgartens. Damit eine Wildobsthecke funktioniert, muss man ihr eine Breite von etwa 3–5 m einräumen. Bei der Anlage sollten die Pflanzabstände der durchwegs starkwüchsigen Pflanzen, je nach Art, 2–3 m betragen. Wir denken hier an Weißdorn, Vogelbeere, Felsenbirne, Wildapfel etc. Je großzügiger der Pflanzabstand, umso pflegeleichter wird die Hecke in Zukunft sein. Berberitzen und Wildrosen benötigen eine Fläche von etwa 2 x 2 m, pflanzen sie davon jeweils 2–3 Exemplare derselben Art zusammen. Sie sollten ebenso wie Wildrosen am Rand der Hecke platziert werden, denn sie benötigen viel Sonne und vertragen den Schatten größerer Sträucher und Bäume nicht. Man beachte auch: Der Schlehdorn breitet sich mit seinen Ausläufern stark aus und bildet undurchdringliche Dickichte. Mit der Zeit entsteht somit ein wertvolles Biotop, das uns Früchte beschert und auch Rückzugs- und Lebensraum sowie Futterquelle für zahlreiche heimische Tierarten ist.

EINE FRUCHTHECKE MIT BESONDEREN OBSTARTEN IST ETWAS ZAHMER

Für die meisten Gärten bieten sich eher die besonderen und seltenen Obstarten an. Eine Hecke mit diesen Fruchtgehölzen sollte zumindest 2 m breit sein. Als Strukturbildner kommt die reichfruchtende Felsenbirne 'Ballerina', eine Vogelbeere, oder eine Kornelkirsche in Frage. Der Abstand zwischen die-

sen Solitärgehölzen sollte zumindest 2 m, besser wären 3 m, betragen. Dazwischen können kleinere Sträucher mit Naschfrüchten wie die Korea-Kirsche oder die Sibirischen Blaubeeren (jeweils mehrere Pflanzen) gepflanzt werden. Natürlich bietet sich eine Kombination mit Beerensträuchern, wie Johannisbeeren, Stachelbeere oder Herbsthimbeeren (diese benötigen kein Gerüst!), an. Auch Sträucher mit Verarbeitungsfrüchten, wie die Apfelbeere oder die Zitronenquitte, lassen sich in diese Hecke integrieren.

ALS EINZELBAUM SIND SIE EIN BLICKFANG

An einem halbschattigen Standort fühlt sich der Holunder (z. B. 'Haschberg') wohl, wenn Sie roten Holunderblütensaft machen wollen, dann fragen sie in der Baumschulen nach dem Schwarzblättrigen Holunder 'Black Lace'. Aus dessen rosa Blüten lässt sich nämlich ein wunderschön rot gefärbter Saft herstellen. Den Sanddorn würden wir in ein sonniges Eck am Rande des Gartens pflanzen. Auf diese Weise lassen sich die unerwünschten Ausläufer beim Rasenmähen in Schach halten. Indianerbananen, Quitten, Mispel oder Kornelkirschen können als schöne Einzelbäume den Garten bereichern. Sie bringen nicht nur Früchte hervor, sondern sind auch attraktive Blütenbäume.

Übrigens: Die Kornelkirsche ist eine der besten Pflanzen auch für geschnittene Hecken, denn sie ist anspruchslos, gut schnittverträglich und blüht obendrein vor dem Laubaustrieb.

FÜR EINIGE JAHRE ALS „KÜBELPFLANZE" FÜR TERRASSEN

In großen Pflanzgefäßen kann man einige der besonderen Obstarten auch auf Dachgärten, Terrassen und größeren Balkonen kultivieren. Vorausgesetzt, das Pflanzgefäß ist entsprechend groß (mindestens 60 x 60 x 60 cm oder größer) und eine Bewässerung bzw. eine gute Nährstoffversorgung ist gewährleistet. Felsenbirnen, Korea-Kirschen, Apfelbeeren, sogar Kornelkirschen können so für einige Jahre eine Bereicherung auf diesen Standorten sein. Allerdings muss man diese Pflanzen alle paar Jahre herausnehmen, eventuell die Wurzel einkürzen und mit frischem Substrat neu einpflanzen.

ZUR BEGRÜNUNG VON HALBSCHATTIGEN HAUSWÄNDEN

Mit Kiwiberries lassen sich auch Wände in halbschattiger Lage effektiv begrünen. Sie benötigen dazu allerdings ein kräftiges Gerüst. Die meisten Kiwiberry-Sorten sind 2-häusig, deshalb benötigt man dazu auch eine männliche Pflanze. Bei den selbstfruchtbaren Sorten 'Issai' und 'Vitikiwi' reicht jeweils eine einzelne Pflanze. Aber aufgepasst: Kiwiberries sind außerordentlich starkwüchsige Kletterpflanzen und benötigen von Anfang an einen kräftigen Formierungsschnitt, sie müssen auch während der Saison zumindest 2–3 Mal geschnitten werden. Wesentlich zahmer ist die 5-Geschmacksfrucht (Schisandra), sie stellt dieselben Ansprüche wie die Kiwiberry.

WÜHLMÄUSE, KIRSCHESSIGFLIEGE & CO.

Die besonderen Obstarten sind, wie auch die Wildobstarten, in der Regel sehr robust und benötigen keine Pflanzenschutzmaßnahmen. Wenn der richtige Standort gewählt wurde und sich die Pflanzen gut entfalten können, bleiben sie von Krankheiten weitgehend verschont. Sie eignen sich daher besonders für den biologischen Anbau.

Wühlmäuse können auch besondere Obstarten stark schädigen, das ist jedoch von den übrigen Obstarten ohnehin bekannt. Die Wurzeln des Holunders zählen zur Lieblingsspeise der Wühlmäuse, Abhilfe schafft hier nur ein Drahtkorb mit entsprechend kleinem Flechtwerk.

Die Kirschessigfliege ist ein schwer bekämpfbares Schadinsekt, das inzwischen bereits zur Aufgabe ganzer Plantagen geführt hat. Diese Fliege sticht Früchte (unter anderem Kirschen, Himbeeren, Brombeeren, aber auch Kiwiberries, Feigen u. v. a. m.) einige Tage vor der Reife an und legt ihre Eier hinein. Die Früchte beginnen gleich darauf zu faulen und sind dann nicht mehr verwertbar. Man kann vorbeugend mit Hilfe von Fallen (Rezepte gibt es im Internet), sofern diese rechtzeitig eingesetzt werden, den Schaden zumindest begrenzen. Kiwiberries z. B. kann man vor der Vollreife ernten und nachreifen lassen.

In manchen Jahren kommt es zu sehr ungünstigen Witterungseinflüssen wie großer, lang andauernder Hitze, kombiniert mit Trockenheit. In diesem Fall bringt das Wässern der Pflanzen Abhilfe. Vor allem Kiwiberries, Kornelkirschen, aber auch andere Fruchtgehölze entwickeln ihre Früchte zur vollen Größe während des Sommers. Bei länger anhaltendem Regen kann es passieren, dass die Früchte aufplatzen, dies ist bei einigen Kirschensorten bekannt. Auch Feigenfrüchte können bei Starkregen, leider in noch unreifem Zustand, ebenfalls aufplatzen.

Auch die immer häufiger auftretenden Spätfröste können zum Ernteausfall für eine Saison führen. Kiwiberry-Pflanzen sind besonders spätfrostempfindlich. Hagelunwetter können besonders bei großblättrigen Pflanzen, wie der Indianerbanane, Schaden anrichten.

HINWEISE ZUR ERNTE

Die Ernte des Obstes ist ganz einfach: Man geht in den Garten und pflückt die Früchte. Bei der Ernte der Wildobst- und besonderen Obstarten sollte man einige Dinge beachten. Hier nur einige Beispiele aus der Praxis.

Manche Früchte, wie z. B. die Kiwiberry, können bereits vor der Vollreife geerntet werden und reifen gut nach. Andere wiederum, wie die Indianerbanane und die Persimone, müssen unbedingt voll ausgereift sein, damit sie überhaupt genießbar sind und gut schmecken. Bei manchen dieser besonderen Obstarten (z. B. der Kornelkirsche) sind mehrere Erntedurchgänge notwendig, weil sie sukzessive, also nach und nach, reifen.

Die häufigste Frage, die an uns herangetragen wird, klingt folgendermaßen: Ich habe eine Kiwiberry-Pflanze bereits seit vielen Jahren, aber sie bringt nie Früchte hervor. Die Antwort ist einfach: Es gibt nur eine einzige Pflanze, die entweder weiblich oder männlich ist. Beide Geschlechter müssen vorhanden sein, damit die Kiwiberry Früchte ansetzt. Manche sagen dann: Ich habe damals eine Pflanze gekauft, die laut Auskunft garantiert fruchten müsste. Was ist in diesem Fall passiert? Ganz zu Beginn des Verkaufs von Kiwiberry-Pflanzen hat man jeweils eine weibliche und eine männliche Pflanze in einem Topf zusammengepflanzt. Die männliche Pflanze hat in kürzester Zeit die weibliche überwachsen, wodurch letztere alsbald abgestorben ist. Es blieb also wieder nur eine, in diesem Fall fast immer männliche Pflanze übrig. Inzwischen gibt es mit 'Issai' und 'Vitikiwi' tatsächlich selbstfruchtbare Pflanzen. Man erntet die Früchte, indem man die Kurztriebe mit den Früchten abschneidet. Kiwiberries kann man für einige Tage nachreifen lassen.

Dieselbe Frage kommt auch bezüglich des Sanddorns. Auch in diesem Fall hängt die Antwort mit der Zweihäusigkeit des Sanddorns zusammen. Hier ist neben der weiblichen Pflanze ein männlicher Befruchtungspartner erforderlich. Die Sorte SANDORA hipparth(S) ist ebenfalls selbstfruchtbar. Die Ernte des Sanddorns ist mühsam, man sollte die fruchtenden Zweige mit einer Baumschere abschneiden, wegen der Dornen Handschuhe tragen (!), es besteht ansonsten Verletzungsgefahr. Die Ernte sollte frühzeitig Ende August erfolgen, weil sich später durch die Bildung von Buttersäure ein unangenehmer Geruch in den Beeren entwickelt. Die Fruchtzweige kurz tiefgefrieren, so lassen sich die Früchte besser abrebeln.

Ernten Sie die Früchte der Indianerbananen erst dann, wenn sich die Schale leicht eindrücken lässt und die Früchte einen intensiv exotischen Duft verströmen. Wenn sie von selbst abgefallen sind, haben sie ihre Vollreife erreicht und schmecken so am besten. Zu früh geerntet sind sie ungenießbar und können Verdauungsprobleme verursachen. Sind sie überreif, dann schmecken sie bereits leicht vergoren.

Wenn die Früchte der Kornelkirschen bereits schön rot ausgefärbt sind, benötigen sie noch einige Zeit, bis sie wirklich reif sind. Dirndln, vor der Vollreife geerntet, reifen innerhalb weniger Tage gut nach. Möchte man die Früchte mit dem Olivenentkerner entkernen, dann dürfen die Früchte noch nicht weich sein!

ALLGEMEINES ZU DEN REZEPTEN

EINKOCHHILFEN ODER GELIERMITTEL

Zucker ist das herkömmlichste Konservierungsmittel zum Einkochen von Obst.

Verwendet man Haushaltszucker mischt man die Früchte im Verhältnis 1:1 und kocht sie so lange, bis sie zu gelieren beginnen und die Flüssigkeit soweit verdampft ist, bis die gewünschte Konsistenz erreicht ist. Die meisten Früchte büßen dadurch allerdings Geschmack und Farbe ein.

Gelierzucker ist die gängigste und einfachste Methode, um Früchte einzukochen. Im Gelierzucker wird Zucker mit Zitronensäure und Pektinen in einem günstigen Verhältnis gemischt. Pektine kommen natürlicherweise zum Beispiel im Schalenbereich von Äpfeln, vor allem grünen Äpfeln, vor. Gelierzucker kann man im Verhältnis 1:1, 1:2 oder 1:3 verwenden. Bei Produkten für ein Mischverhältnis von 1:3 ist oft als Konservierungsstoff Sorbinsäure für eine bessere Haltbarkeit zugefügt. Manchmal findet man in der Zutatenliste auch gehärtete Fette, zum Beispiel Palmöl. Dies verhindert das übermäßige Schäumen der Fruchtmasse beim Kochen. Ob man diese Stoffe in seinen Produkten verwenden möchte, muss jeder selbst entscheiden.

Apfelpektin kann man in manchen Lebensmittelmärkten oder im Reformhaus finden. Man sollte darauf achten, dass man reines Apfelpektin erhält, die Dosierung ist dadurch einfacher. Apfelpektin dosiert man genau nach Angabe des Herstellers und vermischt es gut mit Zucker, bevor es unter die kalten oder heißen Früchte gemischt wird.

Agar-Agar ist ein pflanzliches Geliermittel, welches vorwiegend aus Rotalgen hergestellt wird. Agar- Agar muss länger kochen als Pektine, um seine Bindeeigenschaften zu entfalten. Die gewohnte Gelierprobe zu machen, fällt bei der Verwendung von Agar-Agar weg, da das Produkt erst nach dem Abkühlen fest wird.

Wir verwenden bei einigen Zubereitungen Zitronenquitten als Ersatz für Zitronensäure und Geliermittel. Sehr gut gelingen damit Fruchtaufstriche mit Feigen, Indianerbananen und Physalis.

Dazu bereiten wir einen größeren Vorrat an Zitronenquitten-Fruchtmus zu, welchen wir portionsweise tiefgefrieren. Die genaue Anleitung dazu finden Sie im Kapitel „Zitronenquitte" auf S. 167.

Sobald wir größere Mengen an Zitronenquitten zur Verfügung haben, möchten wir weitere Zubereitungen ausprobieren und in Zukunft gänzlich auf Gelierzucker verzichten.

Gelierfähigkeit

Manche Früchte gelieren gut und wieder andere schlechter.

Gute Geliereigenschaften besitzen beispielsweise Äpfel, Ribisel, Hagebutten, Feigen, Zwetschken, Sanddorn, Zitronenquitten, Quitten, Sibirische Blaubeeren und Stachelbeeren.

Schlecht gelieren Kiwiberries, Holunder, Weintrauben, Erdbeeren, Pfirsiche und Birnen. Die Indianerbanane kann aufgrund ihrer Konsistenz gut zu einer homogenen Fruchtmasse verarbeitet werden. Wir fügen nur noch Feinkristallzucker und Zitronenquitten-Fruchtmus zu, um einen äußerst schmackhaften Fruchtaufstrich zu erhalten.

Sanddorn
Kiwiberry
WILDOBST & GARTEN

MARMELADE, KONFITÜRE, FRUCHTAUFSTRICH, GELEE, SÄFTE ETC.

Sauberkeit

Sauberkeit ist oberstes Gebot beim Haltbarmachen von Früchten. Man verwendet nur saubere Gläser und geruchsneutrale Deckel. Mit heißem Wasser oder über Dampf keimfrei gemacht, werden Gläser, Flaschen und Verschlüsse zum Abfüllen vorbereitet. Alkohol in die Deckel zu gießen, ist eine Methode, die man auf keinen Fall anwenden sollte, wenn Kinder die Produkte verzehren! Nach dem Befüllen und Verschließen können die Gläser auch einige Minuten kopfüber gestellt werden, um eine bessere Haltbarkeit zu erreichen.

In der Konfitüren-Verordnung 2004, CodexKap. B 5

In dieser Verordnung ist genau festgelegt, welche Begriffe für die jeweiligen Produkte rechtskonform sind.

Erzeugungen mit der Bezeichnung „Fruchtaufstrich“ unterliegen nicht der Konfitüren-Verordnung, Angaben zum Gesamtzuckergehalt und Fruchtgehalt sind hier nicht erforderlich.

Nur Direktvermarkter dürfen den Begriff „Marmelade“ für Konfitüren oder Fruchtaufstriche weiterverwenden, weil dies in Österreich immer üblich war. Marmelade wird lt. Konfitüren-Verordnung aus Zitrusfrüchten hergestellt.

Konfitüre (1) besteht aus einer oder mehreren Fruchtsorten und Zuckerarten, die auf eine gelierte Konsistenz gebracht werden. Der Mindestfruchtgehalt ist hierbei genau festgelegt.

Fruchtaufstrich (1) ist ein süßer Aufstrich aus Früchten, Zucker und meist Geliermittel. Der Zuckeranteil ist geringer. Unsere Marmeladen bzw. Fruchtaufstriche werden üblicherweise mit einem Zuckeranteil von 2:1 zubereitet.

Gelee bezeichnet eine gelierte Mischung aus Fruchtsaft und Zucker. Auch für die Zubereitung von Gelee ist der Mindestfruchtgehalt genau festgelegt.

Weitere Köstlichkeiten

Chutney ist würzige, süß-saure oder scharf-pikante Sauce der indischen Küche. Während der Kolonialzeit haben die Engländer die Chutneys nach Europa gebracht. Üblicherweise werden Chutneys zu gebratenem Fleisch, Gemüse oder zu Käse gereicht.

Fruchtnektar enthält einen Fruchtsaftgehalt zwischen 25 und 50 %, Wasser und bis zu 20 % Zucker.

Direktsaft beinhaltet 100 % Fruchtsaft und Fruchtfleisch je nach Obstart.

Fruchtsirup (2) wird aus Fruchtsaft und Zucker im Verhältnis 1:1 erzeugt. Diese Zubereitung wird nicht pur, sondern verdünnt mit Wasser oder Mineralwasser getrunken.

Fruchtleder oder **Wildobstnascherei** (3) ist eine Zubereitung aus Fruchtbrei, welcher entweder mit Zucker gekocht, püriert und gedörrt wird oder als gesunde Variante aus rohem Fruchtmus besteht und je nach Zuckergehalt der jeweiligen Frucht mit etwas Zucker versetzt und anschließend gedörrt wird.

Weitere Produkte (4) **aus Wildobst & besonderen Obstarten:** Wein, Schnaps, Essig, salzig eingelegte Früchte, in Alkohol eingelegte Früchte, getrocknete Früchte, Kompotte.

1

2

3

4

HILFSMITTEL UND TIPPS AUS DER PRAXIS

Eine Saftzentrifuge (1) hat sich für das Entsaften von Sanddorn und Weintrauben als sehr praktisch erwiesen. Vogelbeeren, Aronia und Titan entkernen wir mittels Beerenpresse, als Zubehör für Küchenmaschinen oder als Einzel-Gerät erhältlich.

Eine Passiermühle (Flotte Lotte) (2) entkernt und püriert diese Früchte auch verlässlich, aber zeit- und kraftaufwändiger. Wenn die kleinen Kerne nicht stören, kann man diese Früchte auch mit Kernen verarbeiten.

Kornelkirschen werden industriell in großen Zentrifugen entkernt. Wir entkernen die Kornelkirschen für Marmelade in aufwändiger Handarbeit mit einem Olivenentkerner (3), da wir die herb-sauren Fruchtstückchen schätzen und die Früchte nur einmal erhitzen müssen.

Zum Entsaften für die weitere Zubereitung zu Gelees und Fruchtsäften eignet sich ein Dampfentsafter (4) sehr gut.

Ein Speisenthermometer für Flüssigkeiten sollte in keinem Haushalt fehlen. Pasteurisieren gelingt damit verlässlich.

Zum Filtrieren von Säften sind verschiedene Siebe und Tücher unerlässlich. Einfülltrichter sind hilfreich, um den Gläser- oder Flaschenrand sauber zu halten, was einer Schimmelbildung am Glasrand vorbeugt.

Zum Einkochen ist ein ausreichend großer Topf wichtig. Kochende Fruchtzubereitungen können Verbrennungen der Haut verursachen, wenn sie über den Topfrand spritzen.

© E. Winkler

„DIE EDLEN WILDEN" – PORTRAIT, VERARBEITUNG DER FRÜCHTE UND REZEPTE

AKEBIE (*Akebia quinata*, FINGERFRUCHTGEWÄCHSE)

Anspruchslose starkwüchsige Kletterpflanze mit handförmig gefingerten Blättern und gurkenförmigen hellvioletten Früchten mit gallertartigem Fruchtfleisch

Wuchsform: Starkwüchsige Kletterpflanze
Verwendung: Frischverzehr, Verarbeitungsfrüchte

Pflanzenportrait

Die Akebie wird auch als Fingerblättrige Akebie, Klettergurke und Schokoladenwein bezeichnet. Ihre Heimat ist China, Japan und Korea. Diese Kletterpflanze kann 6–10 m an Gerüsten hochklettern. Recht interessant sind die wechselständigen, handförmig gefingerten Blätter, die aus 5 Teilblättchen zusammengesetzt sind. Eigentlich sind sie sommergrün, können aber im milden Weinbauklima ihre Blätter den Winter über behalten.

Ihre dekorativen, in Trauben angeordneten Blüten sind eingeschlechtlich, männliche und weibliche Blüten sind also getrennt. Beide Geschlechter entwickeln sich an ein und derselben Pflanze (man nennt das einhäusig). Allerdings können die männlichen Blüten die weiblichen Blüten derselben Pflanze nicht oder nur sehr schlecht bestäuben. Man benötigt deshalb zwei Sorten oder zwei verschiedene Sämlinge. Die weiblichen Blüten sind etwa 3 cm groß und auffallend violettbraun bis weinrot, die männlichen rosa gefärbten Blüten sind nur 1 cm groß. Die Bezeichnung Schokoladenwein bezieht sich auf die nach Vanille duftenden Blüten. Die Blütezeit erstreckt sich von April bis Mai.

Standort, Verwendung im Garten

Die Akebie ist eine dekorative, jedoch stark wachsende Kletterpflanze, die im Garten zur Begrünung von Pergolen, Wänden oder zur Berankung von Zäunen verwendet werden kann. Besondere Ansprüche stellt sie nicht, junge Pflanzen sind allerdings etwas frostempfindlich. Sie bevorzugt einen sonnigen bis halbschattigen, warmen und windgeschützten Standort. Wächst sie anfangs noch recht zögerlich, so entwickelt sie sich später zu einer sehr kräftigen Pflanze. Junge Pflanzen benötigen etwa 5 Jahre, bis sie das erste Mal blühen.

Ein Standort im Weinbauklima bzw. ein geschützter Standort im Garten wäre optimal, denn sie toleriert –10 bis –15 °C (bis zu –20 °C). Im trockenen Sommer sollte sie ausreichend mit Wasser versorgt werden. Abgesehen davon ist die Akebie anspruchslos.

Allgemeines

Als Pflegemaßnahme ist ein regelmäßiges Auslichten der Pflanzen anzuraten.

Akebien können durch Aussaat und durch Sommerstecklinge vermehrt werden.

Die nächste bei uns winterharte Verwandte der Akebie ist der Blauschotenstrauch. Auch dessen bohnenartige blaue Früchte enthalten ein gallertartig süßliches essbares Fruchtfleisch.

Akebienfrüchte sind eine Lieblingsspeise der Schneeaffen in Japan.

In Teilen der USA und in Neuseeland steht die Akebie auf der Liste der „invasiven" Pflanzen.

Die biegsamen Ranken eignen sich sogar als Material zum Korbflechten.

Gesundheitliche Wirkung

In China und Japan wird die Rinde der Akebie als Heilmittel verwendet. Aus getrockneten Blättern wird ein Tee zubereitet, der nach Grüntee und Algen schmeckt.

Der Frucht wird eine schmerzstillende und harntreibende Wirkung zugeschrieben. Auch soll sie den Magen schützen und Harnwegsinfektionen vorbeugen. Darüber hinaus werden in der Naturmedizin neben Früchten, Blättern und Blüten auch frische und getrocknete Triebe verwendet.

In der traditionellen chinesischen Medizin kommt die Akebienfrucht zur Regulierung des Qi zum Einsatz.

Früchte

Die Frucht ist eine bereifte, hellviolette bis purpurviolette Balgfrucht. Ihre Form ist gurken- bis wurstförmig, 5–10 cm lang und 5–6 cm dick. Die anfangs grünen Früchte nehmen zur Reife hin ihre typische weißlichgraue, gelbliche oder blauviolette Färbung an.

Sobald sie essreif bzw. vollreif sind, zeigt sich eine dunkle Längslinie, an der sie dann aufplatzt. Die essbaren Früchte präsentieren nun ihr weißes Fruchtfleisch, das von zahlreichen schwarzen Samen durchsetzt ist. Die Reifezeit erstreckt sich von September bis Oktober. Das Fruchtfleisch ist gallertartig süßlich mit vanilleartigem Aroma und wird insbesondere in Asien als Obst roh verzehrt. Man kann es mit einem Kaffeelöffel direkt aus der Frucht auslöffeln. Obwohl die Schale ein wenig bitter schmeckt, verwendet man sie gebraten als Gemüse.

Empfehlenswerte Sorten

Es werden einige Fruchtsorten angeboten. 'Alba' ist eine Sorte mit reinweißen, duftenden Blüten und hellen weißlichen Früchten. 'White Chocolate' hat zweifarbige Blüten mit violetten Staubblättern. Ihre Blüten duften nach Schokolade, die Früchte sind zartrosa angehaucht. Damit die Pflanzen auch verlässlich fruchten, werden sie in Baumschulen als „Schokoladenwein Duo" angeboten. 'Shiro Bana' ist eine weitere, im Handel angebotene Sorte mit blauvioletten Früchten.

Ernte & Lagerung

Die bis 15 cm langen Früchte können je nach Lage im September oder Oktober geerntet werden. Essreif sind die Früchte, wenn sie eine dunkle Längslinie zeigen, an der sie dann aufplatzen. Dann sollte man mit der Ernte aber schnell sein, weil Insekten und Vögel von der offenen Frucht angezogen werden. Reife Früchte sollten alsbald verspeist werden.

Der ideale Zeitpunkt zum Ernten der Früchte, wenn man sie lagern will, ist etwa eine Woche vor der natürlichen Spaltung und wenn eine sichtbare graue Linie an der ventralen Naht auftritt. Optimal geerntete Früchte können bei Raumtemperatur 2–3 Wochen, im Kühlschrank bis zu 3 Monaten gelagert werden.

Verarbeitung der Früchte

Das fast durchsichtig-gallertartige, nach einer Mischung aus Banane, Litschi und Passionsfrucht süßlich schmeckende Fruchtfleisch kann roh gegessen (ausgelöffelt) oder zu Desserts verarbeitet werden. Die kleinen Kerne werden mitgegessen, sie lassen sich nicht aus dem Fruchtfleisch lösen. Zerbeißt man sie, schmecken sie bitter. Die Schale der je nach Sorte violetten, bräunlichen oder gelblichen Früchte schmeckt leicht bitter und wird in Asien als Gemüse gebraten oder geröstet, der Geschmack ähnelt denen der Frühkartoffeln. Die jungen Sprosse der Pflanze können roh in einem Salat gegessen werden.

Rezepte

Das Fruchtmark der Akebie kann zu Eiscreme, Sorbet sowie Desserts verarbeitet werden.

AKEBIE-WOKPFANNE MIT GLASNUDELN ⊗

4 Akebie-Früchte
60 g Cashewnüsse
1 Zwiebel
1 kleine Knoblauchzehe
1 TL Ingwer, fein gerieben
4 EL Sojasauce
Erdnussöl zum Braten
Pfeffer, Salz
1 TL Honig
1 Pkg. Glasnudeln

Akebien-Früchte vorbereiten, dabei die Samen herausnehmen und in einer Schale beiseitestellen. Die Fruchthüllen nun in dünne, etwa 5 mm dicke Ringe bzw. Scheiben schneiden. Zwiebel schälen und in Ringe schneiden. Knoblauch fein hacken.

Glasnudeln nach Packungsanleitung kochen, dann abseihen und warm stellen.

In einer geeigneten Pfanne (Wok-Pfanne) das Öl erhitzen, Zwiebelringe anbraten, bis sie glasig sind, Cashewnüsse, Knoblauch und Ingwer dazugeben und kurz mitbraten. Alles in der Pfanne an die Seite schieben oder auf einen Teller geben. Jetzt die Akebie braten, dabei öfter wenden. Die Akebien-Stücke sollen leicht gebräunt, aber nicht zu weich sein. Zuletzt alle Zutaten in die Pfanne geben, gut verrühren, mit Salz, Pfeffer, Sojasauce und Honig abschmecken und mit Glasnudeln servieren. Der Geschmack dieses Gerichtes erinnert stark an ein Pilzgericht.

PRAXISTIPP

Mit Zuckerschoten und Champignons können Sie dem Gericht mehr Farbe und andere Geschmacksnuancen geben.

AKEBIEN-DESSERT ⊗

Fruchtfleisch mit Kernen
Schlagobers oder Joghurt

Das Fruchtfleisch samt den Kernen mit etwas Joghurt oder aufgeschlagenem Schlagobers mischen, in Dessertschalen anrichten und mit Schlagobers-Röschen garnieren.

PRAXISTIPP

Die kleinen runden Kerne sollen nicht zerkaut werden, da sie Magenverstimmungen verursachen können.

APFELBEERE (*Aronia x prunifolia*, ROSENGEWÄCHSE)

Anspruchsloser mittelgroßer Strauch mit weißen Blütenrispen und schöner Herbstfärbung, die kleinen schwarzen Apfelfrüchte sind herb-süßlich und stark färbend

Wuchsform: Normalstrauch
Verwendung: Verarbeitungsfrüchte

Pflanzenportrait

Man unterscheidet im Wesentlichen zwei Arten: die Schwarze Apfelbeere (*Aronia melanocarpa*) und die oben angeführte Pflaumenblättrige Apfelbeere (*Aronia* x *prunifolia*). Die Schwarze oder Kahle Apfelbeere stammt aus Nordamerika und unterscheidet sich nur durch die kleineren, kahlen, schwarz glänzenden Früchte. In allen anderen Merkmalen ist sie der Pflaumenblättrigen Apfelbeere ähnlich, weshalb sie in weiterer Folge nicht mehr erwähnt wird. Als Sorte sei hier nur 'Hugin' genannt.

Wenn über die Apfelbeere berichtet wird, so ist fast immer die Pflaumenblättrige Apfelbeere gemeint. Es ist eine Kreuzung zwischen der Echten Schwarzen (*A. melanocarpa*) und der Roten Apfelbeere (*A. arbutifolia*).

Die Apfelbeere wächst zu einem mittelgroßen, 1,5–2,5 m hohen, locker aufgebauten Strauch heran. Der Strauch verjüngt sich laufend von der Basis heraus. An relativ dünnen Trieben sitzen die etwa 5–10 cm langen, elliptisch bis verkehrt eiförmigen, ledrigen Blätter. Sie sind oberseits glänzend, unterseits leicht behaart und färben sich im Herbst leuchtend weinrot bis dunkelrot.

Ihre 10–20 weißen, etwa 1–1,5 cm großen Blüten sind in Doldentrauben zusammengefasst und stehen überwiegend am Ende kurzer Triebe. Diese wiederum entwickeln sich entlang der vorjährigen Triebe. Die Blüten sind zwittrig und selbstfruchtbar, Blütezeit ist der Mai. Daraus entwickeln sich die Früchte, die im August reifen.

Standort, Verwendung im Garten

Apfelbeeren sind äußerst frostharte und anspruchslose Fruchtsträucher, die auch hübsch blühen und eine wunderschöne Herbstfärbung aufweisen. Sie sind ideale Sträucher für den Garten, sowohl für die Einzelstellung als auch für Fruchthecken. Sie bevorzugen eher kalkarme Standorte und sind auch für kalte Lagen (bis –30 °C) in höheren Regionen durchaus empfehlenswert. Sie benötigen einen Jahresniederschlag von 600–800 mm, der vorwiegend im Frühjahr und Sommer fallen sollte. Stark kalkhaltige (über pH 7) und sehr trockene Böden meiden sie eher.

Allgemeines

Als Pflegemaßnahme empfiehlt es sich, ab dem 4.–6. Standjahr im Abstand von jeweils 2–3 Jahren die jeweils ältesten Triebe bodennah zu entfernen.

Eine Vermehrung aus Samen ist möglich. Die reichtragenden Sorten werden aber vegetativ durch Stecklinge im Sommer vermehrt. Im Hausgarten lassen sich auch Abrisse und Ableger zu Sträuchern heranziehen.

Manchmal treten Ebereschenmotten oder die Kirschblattwespe aus. Gegenüber Pilz- und Virus-Krankheiten scheint die Apfelbeere resistent zu sein. Schäden durch Mäuse und Rehe (Wildverbiss und Fegeschäden) können entstehen.

Apfelbeeren werden nicht nur in Deutschland und Österreich, sondern auch in Polen, Sibirien, Schweden und Finnland plantagenmäßig angebaut.

Gesundheitliche Wirkung

Die gesundheitliche Wirkung der Apfelbeeren ist besonders hervorzuheben. Vor allem der dunkelrote, stark färbende Farbstoff Anthocyan (850–1.500 mg/l) ist erwähnenswert. Daneben sind Vitamin C (10–30 mg/100 g), Carotin sowie die Vitamine B, B_2, E und P enthalten. Der hohe Zuckergehalt von (10–19 %), sowie der niedrige Säuregehalt sind von Vorteil. Pektine sowie Mineral- und Spurenelemente in größeren Mengen ergänzen die Inhaltstoffe.

In der Volksmedizin gilt die Apfelbeere schon lange als Allheilmittel, dem durch seinen Reichtum an sekundären Pflanzeninhaltsstoffen, wie Vitamin C, Flavonoide, Polyphenole, Anthocyanfarbstoffe, Gerbstoffe, Eisen, Jod, Folsäure, Magnesium, Behandlungserfolge bei Bluthochdruck, Arteriosklerose, Entzündungen aller Art und vielem mehr zugeschrieben wird.

Früchte

Die Früchte der Apfelbeeren sind ca. 12 mm große Sammelscheinfrüchte. Sie erinnern in Form und Größe an Ebereschenfrüchte und sind 0,8 bis max. 1,5 g schwer, anfangs rötlich, dann violettschwarz bis auberginenfarben. Schale und Fruchtfleisch sind fest, vom Geschmack sind sie herb-süßlich. Der frische, stark dunkelrot färbende Saft riecht ein wenig nach Bittermandel. Die Früchte reifen von Anfang bis Ende August. Pro Strauch kann man 10–17 kg ernten.

Die Früchte sind zwar essbar, aber nicht empfehlenswert, denn sie schmecken auch im reifen Zustand herb-säuerlich und adstringierend. Beim Kochen bzw. bei der Verarbeitung wird die (in größeren Mengen toxisch wirkende) Blausäure abgebaut. Der Farbstoff der Apfelbeere wird vorwiegend in der Lebensmittel-, Farbstoff- und Pharmaindustrie verwendet. Durch die hohe Saftausbeute von 75 % eignet sich dieser besonders als biologischer Färbesaft für Schaumweine, Aperitifs, Liköre etc. Auch für andere alkoholische Getränke, für Molkereiprodukte und in der Süßwaren- und Backwarenindustrie ist er als Färbe- und Geschmacksmittel begehrt. Die Früchte bieten sich auch zur Herstellung von Mischmarmeladen (besonders mit Apfel), Saft, Sirup und Tees an.

Empfehlenswerte Sorten

‘Nero‘, ‘Aron‘, ‘Königshof‘, ‘Viking‘, ‘Rubina‘, ‘Karhumäki‘ und ‘Serina‘ sind die bekanntesten Sorten. Die Sorten unterscheiden sich nur geringfügig, sodass die Sortenwahl für den Hausgarten von untergeordneter Bedeutung ist. ‘Nero‘ und ‘Könighof‘ werden in Österreich am häufigsten verwendet und sind auch verfügbar.

Ernte & Lagerung

Die Dolden mit den Aroniabeeren am besten immer vollreif ernten. Dies erkennt man, wenn man im August die schwarzen Beeren mit einem Messer durchschneidet: Ist das Fruchtfleisch der Beeren dunkelrot durchgefärbt, sind die Beeren reif. Ist das Fruchtfleisch hingegen noch hell und blass, die Beeren noch einige Tage am Strauch reifen lassen.

Die Ernte erfolgt durch Abrebeln der Früchte. Industriell werden Erntemaschinen eingesetzt. Die geernteten Früchte sind gekühlt bei 0–2 °C bis zu 4 Monate lagerfähig. Aroniabeeren kann man sehr gut durch Einfrieren lagern. Durch das Frieren der Beeren vor der Verarbeitung werden Gerbstoffe abgebaut und der Fruchtgeschmack wird dadurch milder und weniger herb. Durch Trocknen der Beeren (siehe S. 32) ist eine lange Haltbarkeitsdauer von einem bis zwei Jahren möglich.

Verarbeitung der Früchte

Aroniabeeren enthalten den Pflanzenfarbstoff Anthocyan, welcher Haut und Kleidung intensiv rot/lila färbt. Deshalb unbedingt mit Kleiderschutz und Einweghandschuhen arbeiten. Die Trester-Rückstände nach dem Passieren kann man trocknen und einer Früchtetee-Mischung beigeben.

HINWEIS

Der intensive Farbstoff der Beeren wird als natürliches Färbemittel für Lebensmittel sehr geschätzt und kann für Desserts, Glasuren, Marzipan und Backwaren verwendet werden. Außerdem ist Aronia eine beliebte Färberpflanze für Wolle und Textilien.

Rezepte

ARONIA-FRUCHTLEDER

1.000 g Aroniabeeren
1.000 g Feinkristallzucker

Für dieses Fruchtleder Aroniabeeren von den Stielen zupfen, waschen, gut abtropfen lassen und verlesen. Die Beeren in einem Topf mit 6 Esslöffeln Wasser oder Apfelsaft langsam erhitzen und zugedeckt in etwa 25 Minuten weich dünsten.

Anschließend die Beeren mittels Passiergerät (Flotte Lotte) zu einem kernlosen Fruchtmus verarbeiten. Das Aronia-Fruchtmus mit dem Zucker gut verrühren und kurz aufkochen lassen. Etwas abgekühlt, die Fruchtmasse auf ein Backblech mit einer Dörrfolie, alternativ auf eine Dauerbackfolie oder auf ein Backpapier ca. 3–4 mm hoch gleichmäßig aufstreichen und im Dörrautomaten bei 40 °C ca. 18–20 Stunden dörren. Alternativ im Backofen bei 40 °C ebenfalls 18–20 Stunden dörren, wobei die Backofentüre einen Spalt geöffnet bleiben muss, damit die Feuchtigkeit besser entweichen kann.

Nach dem Trocknen durch Anheben des Fruchtleders kontrollieren, ob die Trocknungszeit ausreichend war. Das Fruchtleder muss sich gut abziehen lassen und ist dabei elastisch.

Zum Schluss wird das Fruchtleder in ca. 1 cm große Quadrate geschnitten und diese in Feinkristallzucker gewälzt, damit sie nicht zusammenkleben.

PRAXISTIPP

Wir bestreuen ein sauberes Tablett mit Feinkristallzucker und wenden die Fruchtleder-Platten vor dem Schneiden in Zucker.

ARONIA-MARMELADE

1.100 g Aroniabeeren
500 g Gelierzucker 2:1

Aroniabeeren verlesen, waschen und mit 6 EL Wasser oder Apfelsaft in einen Topf geben.

Zugedeckt langsam erhitzen, bis die Beeren platzen.

Etwas abkühlen lassen und mit einem Passiergerät (Flotte Lotte) zu einem kernlosen Fruchtmus verarbeiten. Fruchtmus mit Gelierzucker in einen Topf geben, unter oftmaligem Rühren langsam erhitzen und 3–4 Minuten kochen lassen. Sofort in vorbereitete saubere Gläser füllen und gut verschließen.

PRAXISTIPP

Wer den intensiv herben Geschmack der Aroniabeere abmildern möchte, kann etwa ein Drittel oder die Hälfte der Beeren durch Äpfel oder Birnen ersetzen.

ARONIA-GELEE

Farbintensives Gelee mit herber Note

1.200 ml Aronia-Saft
500 mg Gelierzucker 3:1

Aronia-Saft mit Gelierzucker unter Rühren zum Kochen bringen und mindestens 3–4 Minuten kochen lassen. Sollte die Fruchtmasse schäumen, den Schaum mit einem Schöpflöffel vorsichtig abschöpfen. Anschließend in vorbereitete saubere Gläser füllen und sofort verschließen. Das Gelee dickt im Glas nach. Schmeckt sehr gut aufs Frühstücksbrot und setzt neue Farbakzente beim Backen von Weihnachtskeksen.

PRAXISTIPP

Wer den intensiven Geschmack der Aroniabeeren abmildern möchte, kann zum Aronia-Saft anteilig Traubensaft, Quittensaft, Birnensaft oder Apfelsaft dazugeben.

ARONIA, GEDÖRRT

Zum Dörren nur ganz reife Aroniabeeren verwenden, dann enthalten sie mehr Fruchtzucker und entfalten ein fruchtigeres Aroma.

Frische Aroniabeeren können zur Verlängerung der Haltbarkeit gut getrocknet werden. Man kann dies im Backofen bei Umluft machen, am besten und am stromsparendsten eignet sich dazu allerdings ein Dörrgerät.

Die sauberen verlesenen Aroniabeeren im Dörrgerät auf einzelne Etagen aufteilen. Bei 50 °C werden die Aroniabeeren etwa 10–15 Stunden getrocknet. Beim Dörren im Backofen die Aroniabeeren auf mit Backpapier belegte Backbleche locker verteilen und bei 50 °C Umluft ca. 10–15 Stunden trocknen. Fertig sind die Beeren, wenn sie sehr schrumpelig und hart sind. Die getrockneten Beeren in einem luftdicht verschlossenen Glas kühl und dunkel aufbewahren.

PRAXISTIPP

Getrocknete Aroniabeeren geben wir am liebsten ins tägliche Müsli. Man kann daraus einen Früchtetee zubereiten oder die Beeren zwischendurch knabbern. Getrocknete Aroniabeeren verwenden wir auch statt Rosinen im Apfelstrudel.

ARONIA-SIRUP

Vielseitig in der Küche verwendbar

Aroniabeeren von den Stielen zupfen, verlesen, waschen und gut abtropfen lassen.

Die Saftgewinnung gelingt mit einem Dampfentsafter sehr gut. Wer keinen zur Verfügung hat, kann die Beeren alternativ in etwas Wasser weich kochen und anschließend durch ein Baumwolltuch abseihen. Dabei nicht zu viel Druck ausüben, der Saft wird sonst trüb. Die Saftausbeute liegt bei etwa 70–75 % und wird etwas erhöht, wenn man die Beeren zuvor bei mindestens –5 °C tiefkühlt.

1.000 ml Aronia-Saft
500 g Sirupzucker für Früchte

1 l Aronia-Saft abmessen, in einen großen Topf geben und 500 g Sirupzucker für Früchte unterrühren. Den Sirup langsam auf mindestens 85 °C erhitzen. Dabei unbedingt ein Speisenthermometer verwenden, da erst ab 80–85 °C die meisten Mikroorganismen unschädlich gemacht werden (Pasteurisieren).

Den heißen Sirup sofort in saubere hitzebeständige Flaschen abfüllen und gut verschließen. Die Flaschen einige Minuten hinlegen und anschließend stehend auskühlen lassen.

Der Sirup kann als Getränk 1 : 6 oder mehr verdünnt werden, als Überguss für Desserts verwendet werden oder zubereitet wie Kir Royal in einem Glas Sekt oder Frizzante für Farb-Überraschungen sorgen.

ARONIA-SALATDRESSING

Dieses fruchtige, sehr farbintensive Dressing wirkt sehr dekorativ und schmeckt auch Kindern.

10 ml Aronia-Sirup
50 ml Weißweinessig
90 ml Wasser
Pflanzenöl, z. B. Distelöl oder Hanföl
Salz

Salat nach Wahl vorbereiten. Alle Zutaten zusammen in ein Glas oder einen Dressing Shaker füllen und gut verrühren bzw. schütteln. Vor dem Essen über den Salat gießen und mit einigen getrockneten Aroniabeeren oder Cranberries bestreuen.

ARONIA-MUFFINS

Eine neue Geschmacksnote gefällig?

200 g Weizenmehl
50 g Speisestärke
½ Pkg Weinstein-backpulver
150 g Zucker
1 Pkg Vanillezucker
2 Eier
1 Prise Salz
150 g Butter
100 ml Milch
400 g Aroniabeeren frisch oder 200 g getrocknet

Werden getrocknete Aroniabeeren verwendet, muss man sie am Vortag in einer Schüssel mit Wasser oder Apfelsaft einweichen. Am nächsten Tag gut abtropfen lassen.

Den Backofen auf 160 °C Umluft vorheizen. Eine Muffinform mit Papierförmchen auslegen.

In einer Rührschüssel Eier, Butter, Zucker und Vanillezucker schaumig rühren und den Sauerrahm sowie das Salz unterrühren. Das Mehl mit Speisestärke und Backpulver in einer weiteren Schüssel gut vermengen.

Die Mehlmischung in die Eiermischung einrühren und zum Schluss die Aroniabeeren unterheben. Ist der Teig zu fest, noch etwas Milch zugeben.

Nun den Teig in die vorbereiteten Förmchen füllen und im vorgeheizten Backofen in 30–35 Minuten backen.

PRAXISTIPP

Wer möchte, kann in den Teig noch 100 g grob gehackte Schokolade geben.

ARONIA-KOMPOTT

Passt genauso gut zu Wild wie zu Desserts, zum Beispiel Grießschmarren

300 g Aroniabeeren
1 Apfel
100 ml Weißwein
100 ml Wasser
½ Zimtstange
2 Gewürznelken
2 EL Honig

Die Aroniabeeren waschen und verlesen. Den Apfel schälen, das Kerngehäuse entfernen und in dünne Spalten schneiden.

Den Wein mit den Gewürzen erhitzen, die Aroniabeeren dazugeben und 3–4 Minuten köcheln lassen. Herd ausschalten, die Apfelspalten dazugeben und ohne weitere Hitze ziehen lassen. Zum Schluss mit Honig abschmecken und in Kompottschalen servieren.

PRAXISTIPP

Wenn wir das Kompott haltbar machen möchten, geben wir statt Honig Rohrzucker dazu und bringen das Kompott zum Schluss zum Kochen, bevor wir es in Gläser füllen und mit einem Deckel verschließen. Soll das Kompott auch für Kinder geeignet sein, kann man einfach den Weißwein durch Apfelsaft ersetzen.

AZAROLDORN *(Crataegus Azarolus,* ROSENGEWÄCHSE)

(Verarbeitung und Rezepte siehe Weißdorn, 163 f.)

Azaroldorn oder Azarolapfel (*Crataegus azarolus*) stammt aus Westasien und wird im Mittelmeerraum als Obstbaum kultiviert. Seine Blätter sind beiderseits behaart. Er bildet runde oder birnenförmige, gelbweiße oder rote Früchte. Ihr Vitamin-C-reiches, hellgelbes bis oranges Fruchtfleisch schmeckt süßsäuerlich (apfelähnlich). Sie werden roh mit Zucker verspeist oder mit Honig konserviert, auch Marmelade und Kompott lassen sich daraus bereiten. Der Azarolapfel darf nicht mit der **Acerola-Kirsche** (*Malpighia glabra*, Malphigien-gewächse) verwechselt werden, die in Mittel- und Südamerika beheimatet ist.

BERBERITZE, SAUERDORN (*Berberis koreana*, BERBERITZENGEWÄCHSE)

Trockenheitsverträglicher mittelgroßer Strauch mit dornenbewehrten überhängenden Trieben und kleinen roten, sehr sauren Beerenfrüchten

Wuchsform: Normalstrauch
Verwendung: Verarbeitungsfrüchte

Pflanzenportrait

Die heimische Gewöhnliche Berberitze (*Berberis vulgaris*) ist von Europa bis Kleinasien und von den Niederungen bis in Höhenlagen von 2.500 m verbreitet. Da sie der Zwischenwirt des Getreiderostes ist, wurde sie stark dezimiert. Für die Fruchtgewinnung im Garten wird deshalb meist die Korea-Berberitze (*B. koreana*) verwendet. Beide Arten sind bezüglich ihres Aussehens und der Standortansprüche sehr ähnlich, allerdings blüht die Korea-Berberitze reicher und fruchtet auch besser.

Die Sträucher werden etwa 2,5–3 m hoch, sind dünntriebig und werden mit ihren bogig nach außen überhängenden Zweigen fast ebenso breit. Ihre wechselständig bis büschelig angeordneten, 3–6 cm langen Blätter sind derb und stachelig gezähnt. Der Name Sauerdorn bezieht sich unter anderem auf die dreiteiligen, an den Langtrieben sitzenden Blattdornen. Im Mai/Juni erscheinen ihre leuchtend gelben, intensiv duftenden Blüten in 4–7 cm langen hängenden Trauben. Die zwittrigen Blüten sind selbstfruchtbar. Von September bis Oktober reifen dann die leuchtend roten Beeren der Berberitze.

Standort, Verwendung im Garten

Berberitzen zählen zu den anspruchslosen und anpassungsfähigen Sträuchern. Sie wachsen auch noch dort, wo andere Gehölze versagen, z. B. auf sehr trockenen Böden oder Extremstandorten. Sie entwickeln ein dichtes, flaches Wurzelsystem mit wenigen Ausläufern. Im Garten dienen sie vor allem als Gruppen- und Heckensträucher, insbesondere für locker aufgebaute freiwachsende Hecken.

Allgemeines

Man kann die Fruchtzweige gleich beim Ernten der Früchte herausschneiden oder die abgetragenen Triebe bis zum jungen, neu gebildeten Austrieb zurücknehmen. Abgesehen davon ist ein regelmäßiger

Auslichtungsschnitt (Herausnahme der jeweils ältesten Triebe an der Basis) in mehrjährigem Turnus empfehlenswert.

Berberitzen lassen sich leicht durch Samen vermehren. Sie müssen vorher allerdings für einige Wochen stratifiziert (Samen mit Sand vermischt, feucht, bei niedrigen Temperaturen (+/–0 °C), wie z. B. im Kühlschrank, gelagert) werden. Wurzelausläufer und Absenker entwickeln sich schnell zu großen Pflanzen. Auch eine Vermehrung durch Grünstecklinge im Sommer ist möglich.

Weil die Berberitze ein Zwischenwirt des Getreiderostes ist, sollte sie in Getreideanbaugebieten nicht ausgepflanzt werden. Mitunter kann Mehltau auftreten. Selten können Raupen der Berberitzen-Blattwespe die Blätter stark schädigen.

Früher waren Berberitzen-Früchte in der Küche und bei Zuckerbäckern sehr begehrt. Es handelte sich hierbei um samenlose Sorten, die heute in Mitteleuropa leider nicht mehr vorhanden sind.

Seit etwa 200 Jahren werden im Iran (Provinz Khorasan) samenlose Berberitzen in großem Maßstab auf etwa 8.000 ha kultiviert. Berberitzen sind sehr wichtige Früchte in der kleinasiatischen & iranischen Küche.

Im Holz, der Rinde und den Wurzeln ist das schwach giftige Alkaloid Berberidin (gelber Farbstoff) enthalten. Oxyberberin und Bervulcin verwendete man früher zum Gelbfärben von Wolle, Leder, Seide und Holz.

Ökologisch wertvolle Pflanze als Vogelnähr- und -nistgehölz.

Gesundheitliche Wirkung

In der Volksmedizin dienten Berberitzen früher als Erfrischungsmittel für Fieberkranke und sollten darüber hinaus auch bei Lungen-, Leber- und Darmerkrankungen Linderung bringen. Im Iran werden Berberitzen bereits seit 2.500 Jahren medizinisch genutzt. Auch gegen Hautkrankheiten, wie Hautpilze und Psoriasis, werden sie in diesen Ländern eingesetzt.

Weil die Früchte einen hohen Vitamin-C-Gehalt aufweisen und man diesen eine leichte fiebersenkende Wirkung zuschreibt, werden sie bei Erkältungskrankheiten eingenommen. Die sehr sauren Früchte kann man frisch oder getrocknet verzehren. Berberitzen-Saft kann man in geringen Mengen trinken. Direkt aufgetragen, soll er auch bei Zahnfleischentzündungen helfen.

Als Entgiftungsmittel wurde die Berberitze in der indischen und arabischen Volksmedizin eingesetzt. Im Iran werden Berberitzen-Früchte unterstützend beim Opiumentzug eingesetzt. In der ayurvedischen Medizin setzt man Berberitzen-Früchte zur Wundheilung ein, auch bei Schlangenbissen und Infektionen von Augen und Mund sollen diese Früchte helfen (Beiser 2019).

Medizinisch zum Einsatz kommt Berberis heute weiterhin in homöopathischer Zubereitung, wobei hier Hauptindikationen Gicht, Nierenerkrankungen, Gallenstein- und Nierensteinleiden, Rheuma sowie Psoriasis sind.

Von den nordamerikanischen Ureinwohnern weiß man, dass sie eine Mischung von Berberisharz, Beeren- und Wurzelpulver bei Geschwüren, Cholera und Typhus einsetzen.

VORSICHT!

Wurzeln und Rinde der Berberitze enthalten das Alkaloid Berberin. In größeren Mengen ist dieser Inhaltstoff giftig.

Früchte

Berberitzen- oder Sauerdornfrüchte sind länglich-ovale, walzenförmige Beeren. Sie sind 8–12 mm lang, leuchtend rot, essbar und reifen ab September. Durch den hohen Anteil an Fruchtsäuren (Zitronen-, Weinstein- und Apfelsäure, etwa 3,1 g/100 g) ist das Fruchtfleisch sehr säuerlich (Sauerdorn!). Neben 5,5 g/100 g Zucker sind noch 20 mg/100 g Vitamin C in den Früchten enthalten. Nach Frosteinwirkung wird der stark-säuerliche Geschmack etwas gemildert.

Empfehlenswerte Sorten

Die früher verwendete samenlose Sorte 'Asperma' ist leider nicht mehr verfügbar. 'Dulcis' bring weniger saure bis süße Früchte hervor. 'Rubin' und 'Azisa' sind Auslesen der Korea-Berberitze mit hohem Säuregehalt (9–11 %) und reichem Fruchtbehang.

Ernte & Lagerung

Pro Strauch kann man nach einigen Jahren etwa 2,0–10,0 kg Früchte ernten. Die Ernte der Berberitzen-Beeren beginnt Ende August bis September, wenn die länglichen Beeren schön rot gefärbt sind. Berberitzen fruchten an den im Vorjahr neu gebildeten Trieben. Wegen der dornigen Triebe gestaltet sich die Ernte der Früchte etwas mühsam. Vorsicht vor Augenverletzungen!

Man kann aber die fruchtenden Triebe (ähnlich wie auch beim Sanddorn) als Ganzes abscheiden. Dies hat zwei Vorteile, einerseits lassen sich die Früchte leichter abernten, andererseits wird die Pflanze durch den Schnitt angeregt, im Folgejahr möglichst kräftige neue Triebe zu bilden.

Frische Berberitzen-Beeren können gut tiefgefroren werden. Eine weitere Möglichkeit ist das Trocknen der Beeren. Trocknet man größere Mengen auf Vorrat oder kauft größere Mengen beispielsweise in einem persischen Laden, kann man die getrockneten Beeren ebenfalls tiefgefrieren und bei Bedarf entnehmen. Auf diese Weise behalten sie ihr Aroma und die schöne rote Farbe.

Verarbeitung der Früchte

HINWEIS

Mit Ausnahme der Beeren ist die ganze Pflanze giftig! In orientalischen Ländern, besonders im Iran, werden die vitaminreichen zitronenartig schmeckenden Beeren zum Kochen verwendet.

Rezepte

Berberitzen können zu Marmelade, Mischmarmelade, Gelee und Saft verarbeitet werden.

BERBERITZEN-BIRNEN-MARMELADE

300 g Berberitzen, frisch
700 g Birnen
500 g Gelierzucker 2:1

Berberitzen waschen und verlesen. Die Birnen schälen, Fruchtgehäuse entfernen und gemeinsam mit den Berberitzen in wenig Wasser weich dünsten.

Die Fruchtmasse durch ein feines Sieb streichen oder mit einem Passiergerät (Flotte Lotte) zu einem feinen Mus verarbeiten.

Das Fruchtmus in einen geeigneten Topf geben, mit Gelierzucker gut vermischen und langsam aufkochen, dabei immer wieder umrühren. Nach 3 Minuten Kochzeit Gelierprobe machen, dabei mit einem Esslöffel etwas heißes Fruchtmus auf einen kleinen Teller geben, dieses sollte gelieren.

Sobald die Marmelade geliert, sofort in saubere Gläser füllen und gut verschließen.

PRAXISTIPP

Berberitzen gelieren sehr gut.

MADAGASKAR-HUHN MIT BERBERITZEN-REIS

Für das Huhn

2 Hühnerfilets
1 Dose Kokosmilch, ungesüßt
2 rote Paprika
2 Zwiebeln
2 Knoblauchzehen
200 g Erbsen
20 g Ingwer
½ Zitrone, Saft davon
Öl, Salz, Pfeffer
2 TL Kurkuma

Für den Berberitzen-Reis

170 g Basmatireis
320 ml Wasser
1 TL Salz, gestrichen
2 EL Butter
1 Handvoll frische oder die halbe Menge getrocknete Berberitzen

Hühnerfilet in mundgerechte Stücke schneiden, Zwiebeln würfeln, Knoblauch hacken, Ingwer fein schneiden. Zwiebeln und Knoblauch in Öl anrösten, Huhn und Ingwer dazugeben und weiterrösten. Mit Kokosmilch aufgießen, würzen und weiterköcheln. Paprika in Streifen schneiden und mit den Erbsen dazugeben und fertiggaren. Die Zitrone auspressen und mit 1–2 EL Saft das Hühnergericht abschmecken. Basmatireis gut waschen, mit der 1,5-fachen Menge Wasser in einen Topf geben und salzen. Den Reis nach Anleitung garen. Inzwischen die Butter in einen kleinen Topf geben und leicht erhitzen.

Berberitzen in die heiße Butter einrühren (1) und etwas rösten (2). Frische Berberitzen besonders vorsichtig rühren. Nun den Basmatireis in einer Schüssel anrichten und mit den Berberitzen übergießen. Man kann den Reis auch in Tassen formen und jede Reisportion mit den Berberitzen übergießen.

PRAXISTIPP

Als Gemüse eignen sich weiters auch Süßkartoffeln, Karfiol, Zuckerschoten oder Karotten.

BERBERITZENSALZ

(Quelle: www.wildkraeuterreich.com)

60 g grobes Stein- oder Meersalz
120 g Berberitzen, getrocknet
1 TL Koriander, gemahlen
1 EL Majoran, gemahlen
1 TL getrocknete Zwiebel, gemahlen
½ TL Kardamom, gemahlen
1 TL getrockneter Knoblauch, gemahlen
1 TL Liebstöckel, gemahlen
1/2 EL getrockneter Ingwer, gemahlen
1 TL bunter Pfeffer, gemahlen
½ TL Chilipulver
2 TL Pilzpulver

Die getrockneten Berberitzen zerkleinern, zum Beispiel mit einem Mixer, und die übrigen Zutaten dazugeben und gut mischen. Das Berberitzensalz in einem Glas- oder Keramikbehälter gut verschlossen einige Tage ziehen lassen, damit sich die verschiedenen Aromen entwickeln können. Nach einigen Tagen ist das Berberitzensalz gebrauchsfertig. Bei kühler und dunkler Lagerung ist das Salz ca. 1 Jahr verwendbar. Lagert man es nicht lichtgeschützt, verlieren die Berberitzen die schöne rote Farbe und werden dunkelbraun bis schwarz.

PRAXISTIPP

Dieses aromatische Salz passt sehr gut zu dunklem Fleisch, fruchtigen Saucen, Wildgerichten und Eintöpfen.

BÜFFELBEERE (*Shepherdia argentea,* ÖLWEIDENGEWÄCHSE)

Strauch, ähnlich der Ölweide, mit silbrigen Blättern und roten süß-säuerlichen, saftigen Früchten

Wuchsform: Normalstrauch bis Großstrauch
Verwendung: Frischverzehr, Verarbeitungsfrüchte

Pflanzenportrait

Die Heimat der Büffelbeere oder Silber-Büffelbeere ist Nordamerika, das Verbreitungsgebiet reicht bis nach Kanada. Sie ist ein sparrig wachsender Strauch von 4–6 m Wuchshöhe. Ihre Blätter sind elliptisch bis eiförmig, 3–5 cm lang und etwa 1 cm breit und silbrig glänzend. Ähnlich wie beim verwandten Sanddorn sind die Triebe mit silbrigen Schülfern bedeckt. Die Triebspitzen können in Dornen auslaufen. Die Pflanzen bilden auch Wurzelausläufer aus.

Die unscheinbaren kleinen gelben Blüten erscheinen an seitlichen Kurztrieben vor dem Laubaustrieb im März/April. Sie sind, wie beim Sanddorn, zweihäusig, es gibt also männliche und weibliche Pflanzen (wichtig, wenn man auf Früchte Wert legt). Sämlinge blühen etwa ab dem 6. Jahr, die Blüten werden von Insekten bestäubt.

Standort, Verwendung im Garten

Die Büffelbeere kann man in ähnlicher Weise verwenden wie der verwandte Sanddorn aus derselben Familie, z. B. als Gruppenstrauch und für gemischte Hecken. Das silbrige Blattwerk und der Fruchtschmuck sind zierende Elemente. Allerdings ist die sehr frühe Blüte spätfrostgefährdet und ein guter Fruchtansatz nicht immer gewährleistet. In anderen Jahren wiederum fruchten Büffelbeeren überreich.

Sie stellen geringe Ansprüche an den Boden, bevorzugt werden frische bis feuchte, durchlässige, leicht saure Böden. Auch kurzfristige Überflutungen, Dürreperioden und sogar Salzbelastung tolerieren sie. Ihre Wurzeln sind mit Strahlenpilzen (*Actinomyceten*) vergesellschaftet und deshalb können sie auch noch auf nährstoffarmen Böden gedeihen. Am besten gedeihen sie auf vollsonnigen Standorten.

Allgemeines

Die Silber-Büffelbeere wird neuerdings auch als „Superfruit“ bezeichnet.

Blätter und Früchte werden vom Rotwild gefressen, Vögel begnügen sich mit den Früchten.

Saponine sind für einige Tiere giftig. Einige Indianerstämme in Nordamerika bringen diese in größeren Mengen in Bäche und Seen, um damit Fische zu betäuben und so abzusammeln.

Die Büffelbeere ist bei uns beinahe unbekannt.

Gesundheitliche Wirkung

Man findet Hersteller, die *Shepherdia argentea* homöopatisch verarbeiten, allerdings zählt die Büffelbeere in der Homöopathie sicher nicht zu den Hauptmitteln.

Früchte

Die 6–10 mm kleinen, glänzend orangen bis tiefroten Früchte (Scheinbeeren) sitzen einzeln oder gehäuft zu mehreren an seitlichen Kurztrieben. Sie reifen von Juli bis August, haften aber bis in den Winter hinein am Strauch. Sie schmecken saftig und süß-säuerlich, mitunter wird ihr Geschmack mit jenem der Johannisbeeren verglichen.

Vor allem Vitamin C (bis 225 mg/100 g), Fruchtsäuren und Pektin sind erwähnenswerte Inhaltsstoffe. Sie sollen auch Phenole enthalten. Weil auch geringe Mengen an Saponin enthalten sind, ist es nicht ratsam, zu viele Beeren zu verzehren. Beim Kochen werden diese Stoffe zerstört und sind dann unbedenklich.

Empfehlenswerte Sorten

Es sind keine Sorten bekannt.

Ernte & Lagerung

Im August können die orange-roten Beeren geerntet werden. Die Ernte ist mühsam, weil die Beeren sehr klein sind und dicht gedrängt am dornlosen Zweig sitzen. Man kann die Früchte durch Abpflücken per Hand oder durch Abrütteln auf eine Unterlage ernten.

Büffelbeeren können tiefgefroren werden und eignen sich gut zum Trocknen.

Verarbeitung der Früchte

Die Ureinwohner Nordamerikas verwendeten die herben Beeren zum Würzen von Büffelfleisch, daher der Name Büffelbeere. Ein Strauch kann in manchen Jahren eine erstaunlich große Menge an Beeren hervorbringen. Aus den Beeren wird in den USA traditionell ein schmackhaftes, herb-säuerliches Gelee zubereitet.

Verarbeitet man die Früchte mit Zucker und Wasser, so erhält man wegen des Saponingehaltes eine Schaumspeise, die als „Indian Icecream" bekannt ist.

Rezepte

Man kann Gelees und Konfitüren daraus bereiten, als konservierte Frucht oder als Sauce wird die Büffelbeere zu Fleischgerichten empfohlen.

BÜFFELBEEREN-MARMELADE

1.200 g Büffelbeeren
500 g Gelierzucker 2:1

Büffelbeeren waschen, verlesen und in einem großen Topf mit 200 ml Wasser langsam erhitzen, bis die Beeren platzen, dabei öfter umrühren. Anschließend durch ein Sieb streichen oder mittels Passiermühle (Flotte Lotte) von den Kernen befreien. Das rote Fruchtmus mit dem Gelierzucker verrühren und unter Rühren aufkochen. Nach einer Kochzeit von 3 Minuten die nun fertige Marmelade in vorbereitete saubere Gläser abfüllen und sofort verschließen.

PRAXISTIPP

Möchte man ein schmackhaftes Gelee zubereiten, entsaftet man die Beeren vorher. Dabei den gewonnenen Saft abmessen und die entsprechende Menge Gelierzucker dazugeben.

DREIBLATTZITRONE *(Poncirus trifoliata,* RAUTENGEWÄCHSE)

© E. Kuntschke

Wegen seiner großen grünen Dornen etwas bizarr wirkender Strauch von 3–4 m Wuchshöhe. Aus den schönen, bis 5 cm großen, weißen, duftenden Blüten entwickeln sich 4–5 cm große kugelige, samtig behaarte, gelbe Früchte mit stark säuerlichem, bitterem Fruchtfleisch. Nicht für den Rohgenuss geeignet!

Wuchsform: Normalstrauch
Verwendung: Verarbeitungsfrüchte

Pflanzenportrait

Die Dreiblattzitrone wird auch als Winterharte Zitrone oder Bitterorange bezeichnet. Allerdings ist der Name Bitterorange den bitteren Orangen (Pomeranzen) in Spanien und Portugal vorbehalten, aus welchen die typische englische Orangenmarmelade hergestellt wird. Gelegentlich wird sie auch als Bergzitrone bezeichnet.

Die Heimat dieser winterharten Zitrone ist der Himalaja und China. Dieser 2–4 m hohe Strauch oder kleine Baum ist sehr sparrig und dichttriebig. An seinen auffallend dicken grünen Trieben sitzen 1–4 (–7) cm lange, sehr spitze Dornen. Eher unscheinbar sind jedoch seine kleinen, kaum 3–6 cm langen dreizähligen Blättchen. Hält man die Blättchen gegen die Sonne, dann kann man zahlreiche durchscheinende Pünktchen erkennen – hier sind ätherische Öle enthalten.

Im Mai, noch vor dem Laubaustrieb, erscheinen die 5 cm großen zwittrigen, weißen schalenförmigen Blüten mit goldgelben Staubblättern. Sie sitzen achselständig an den vorjährigen Zweigen und verströmen einen feinen Orangenduft. Sie sind selbstfruchtbar. Relativ spät im Herbst entwickeln sich rundliche gelbe Zitronen.

Standort, Verwendung im Garten

Dreiblattzitronen sind bis etwa –15 °C (bis –18 °C) ausreichend winterhart, sie benötigen aber einen geschützten Standort. Der Boden sollte mäßig feucht bis trocken, auf jeden Fall aber durchlässig sein. Dreiblattzitronen können als besonders attraktiver, wenn auch etwas bizarr anmutender Zierstrauch im Garten verwendet werden. Jedenfalls sollte ihnen ein Platz zugedacht werden, wo man normalerweise nicht vorbeigehen muss, denn die kräftigen Dornen können sehr unangenehm stechen. Sie passen auch gut in freiwachsende Hecken, wo sich ihre Krone ungehindert ausbreiten kann. Jedenfalls ist sie ein attraktiver Zierstrauch, nicht nur wegen der schönen duftenden Blüten, sondern auch wegen der in unseren Breiten etwas exotisch anmutenden Zitronen.

Allgemeines

Die Früchte werden vielfach als ungenießbar beschrieben.

Dreiblattzitronen lassen sich einfach aus Samen vermehren, sie benötigen allerdings eine mehrwöchige Frostperiode. Es dauert dann aber mehrere Jahre, bis sie das erste Mal blühen und fruchten.

Es sind keine Schnittmaßnahmen notwendig. Man kann die Haupttriebe aber aufasten und somit kurzstämmige Bäumchen erzeugen.

Bislang werden Dreiblattzitronen kaum von Krankheiten und Schädlingen befallen.

Wegen ihres schwachen Wuchses und der guten Winterhärte wird sie als Veredelungsunterlage für Kübelpflanzen und Fruchtsorten der Zitronengewächse verwendet. In der Stadt Passau im Hofgarten in Hacklberg war die Kultivierung von Zitrusfrüchten, wie Orangen, Zitronen und Pomeranzen, bereits ab 1554 historisch belegt. Seit 2010 ist die Kultur von Zitrusfrüchten, insbesondere von Poncirus, Teil des Leitbildes der Stadt. Eine größere Anzahl wurde in der Stadt ausgepflanzt. Seit 2015 wird *Poncirus trifoliata*, die Bitter-Zitrone, als „Passauer Goldpomeranze" vermarktet. Die Stadt Passau stellt auch einige Rezepte zur Verfügung.

Gesundheitliche Wirkung

In der traditionellen Medizin in China verwendet man die Früchte zur Behandlung von allergischen Entzündungen. In Ostasien werden Extrakte der getrockneten, unreifen Frucht häufig als traditionelle Medizin zur Linderung von Symptomen einer Verdauungsstörung eingesetzt. In der orientalischen Medizin wird die *Poncirus trifoliata* als Heilmittel gegen Gastritis, Ruhr, Entzündungen und Verdauungsgeschwüre eingesetzt. In neueren Untersuchungen wurden neben entzündungshemmenden und anti-allergischen Eigenschaften auch virus- und tumorhemmende Aktivitäten der Fruchtextrakte nachgewiesen.

Früchte

Die Fruchtreife erfolgt ab Mitte Oktober bis November. Die zitrusartigen Früchte sind 4–5 cm groß, goldgelb, sehr zartfilzig behaart und haben eine rundliche Form. Weil sie über einen langen Zeitraum einen sehr angenehmen bergamottartigen Duft verströmen, kann man sie im Haus als Dekorationsfrucht gut verwenden. Neben zahlreichen Samen und dem stark säuerlichen und bitteren Fruchtfleisch enthalten sie nur sehr wenig Saft mit etwas bitterem Beigeschmack. Das Fruchtfleisch und der Saft sind harzig.

An Inhaltstoffen sind Neohesperidin und Poncirin nachgewiesen.

Empfehlenswerte Sorten

Es werden keine Fruchtsorten angeboten. ‚Flying Dragon‘ (*Poncirus trifoliata* var. *monstrosa*) ist eine Zierform mit korkenzieherartigen Zweigen, sie wird kaum 2 m hoch und hat kleinere Früchte.

Ernte & Lagerung

Die gelben, kugelig-runden, samtweichen Früchte der Dreiblattzitrone oder Bitterzitrone werden ab Mitte Oktober händisch geerntet. Besondere Vorsicht vor den sehr spitzen Dornen! Am besten verwendet man dazu dicke Lederhandschuhe. Erntet man die Früchte nicht, fallen sie nach einiger Zeit von selbst ab. Sie können auch eine Plane unter der Pflanze aufbreiten und die Früchte täglich einsammeln.

Lässt man die Früchte etwa 14 Tage bei Zimmertemperatur nachreifen, so ergibt das eine deutlich höhere Saftausbeute. Aus 1 kg Früchten gewinnen wir so durch Auspressen mit der Zitronenpresse ca. 200 ml Saft. Das Einzelfruchtgewicht beträgt zwischen 45 g und 60 g, einzelne Früchte können bis zu 90 g wiegen. Für 1 kg Früchte benötigt man ca. 20 Früchte.
Die Früchte der Dreiblattzitrone kann man bei etwa 4–8 °C einige Wochen lagern. Positive Erfahrungen haben wir auch mit dem Tiefgefrieren der ganzen Früchte gemacht. Nach dem Auftauen kann man den Fruchtsaft sogar besser auspressen.

Verarbeitung der Früchte

Wir haben mit dieser Frucht viel experimentiert und vieles verworfen! Was uns aber gelungen ist und gut schmeckt, möchten wir in diesem Buch weitergeben. Die Früchte enthalten sehr wenig Saft (etwa 3–4 Teelöffel/Frucht) Der Saft ist sehr sauer und etwas bitter. Das Fruchtfleisch hingegen ist sehr bitter.

Rezepte

DREIBLATTZITRONEN-LIKÖR (PONCIRUS)

Diesen zart-bitteren Likör immer gut gekühlt genießen.

1 l Weingeist, 80 Vol.-%
300 g Zucker
3 Zitronen oder Limetten
1 kg Früchte der Dreiblattzitrone

Dreiblattzitronen auspressen, die Hälfte der Früchte dünn abschälen und in ein geeignetes Ansatzglas mit großer Öffnung und Deckel geben. 2–3 Zitronen auspressen und dazugeben. Vier Wochen bei Zimmertemperatur an einem hellen Ort ziehen lassen. Nach vier Wochen abseihen und filtrieren. Eine Zuckerlösung mit 1 l Wasser und 300 g Zucker zubereiten, dabei einige Minuten sprudelnd kochen, anschließend abkühlen lassen.

Zwei Drittel der Zuckerlösung mit dem Ansatz-Alkohol verrühren, abschmecken, nach Geschmack weiter verdünnen. Zuletzt in saubere Flaschen abfüllen und gut verschließen.

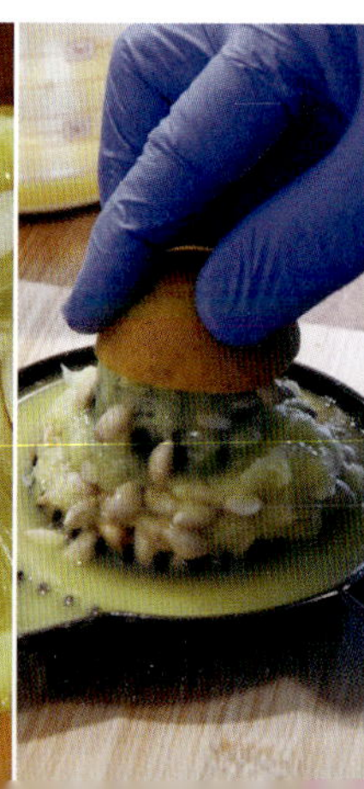

DREIBLATTZITRONE, KANDIERT

250 g Dreiblattzitronen-Schalen, in dünne Streifen geschnitten
1 l Wasser
1 kg Zucker
Speisenthermometer

Das Kandieren der Fruchtstücke erfolgt über mehrere Tage in einer Zuckerlösung.

Für die Zuckerlösung werden 1 Liter Wasser mit einem Kilogramm Zucker verrührt, aufgekocht und so lange gekocht, bis die Lösung beim Abtropfen Fäden zieht. Dann wird sie auf etwa 20 °C abgekühlt. Nun die Fruchtstücke in ein geeignetes Sieb geben und in den Topf hängen. Die Zuckerlösung über das Sieb gießen, bis die Fruchtstücke mit der Lösung bedeckt sind. Die Fruchtstücke werden zugedeckt jetzt 24 Stunden in der Zuckerlösung belassen.

Am nächsten Tag das Sieb beiseite geben und die Zuckerlösung aufkochen, diesmal auf 40 °C abkühlen. Das Sieb mit den Früchten wieder in den Topf hängen und darauf achten, dass die Früchte vollständig bedeckt sind. Anschließend wieder zudecken und erneut 24 Stunden ziehen lassen. Am darauffolgenden Tag die Prozedur wiederholen mit dem Unterschied, dass die Zuckerlösung nur auf 80 °C abgekühlt wird. Nachdem die Zitronenschalen einen weiteren Tag in der Lösung gelegen sind, wird die Flüssigkeit ein letztes Mal aufgekocht und bei 100 °C direkt über die Früchte gegossen und wieder 24 Stunden ziehen gelassen. Am letzten Tag die Fruchtstücke in der Zuckerlösung auf 80 °C erhitzen und abseihen. Im letzten Schritt müssen die Zitronenschalen gut abtropfen und trocknen. Dazu werden die Fruchtstücke auf einem Gitter oder Tablett locker verteilt, welches mit Backpapier ausgelegt wurde. In einem warmen trockenen Raum dauert der Trockenvorgang etwa 4–6 Tage. Die getrockneten Früchte können nun luftdicht verschlossen in einem Glas aufbewahrt werden.

PRAXISTIPP

Da die Früchte harzhaltig sind, werden alle Utensilien, die man zur Verarbeitung benötigt, klebrig. Wir arbeiten deshalb nur mit Einweghandschuhen. Nach der Arbeit kann das Harz mit Alkohol entfernt werden.

DREIBLATTZITRONEN-GELEE

Zartbitter-saures Gelee

750 ml Saft von Dreiblattzitronen
250 g Zitronenquitten, entkernt
700 g Feinkristallzucker
15 g Apfelpektin

Zitronenquitten in einem kleinen Topf mit einigen EL Wasser in 15 Minuten weichdünsten. Anschließend durch ein Sieb streichen oder mittels Passiergerät (Flotte Lotte) pürieren.

Den mühsam gewonnenen Zitronensaft in einen größeren Topf geben und mit dem Zitronenquittenmus vermischen. Das Apfelpektin gut mit dem Feinkristallzucker vermengen und zügig unter den Früchtebrei rühren. Das Fruchtmus langsam unter Rühren bis zum Kochen erhitzen. Das Gelee 3 Minuten kochen, dabei gut rühren. Anschließend in vorbereitete saubere Gläser abfüllen und sofort gut verschließen.

PRAXISTIPP

Man kann auch Bio-Gelierzucker 2:1 verwenden, er enthält keine Zitronensäure.

PONCIRUS-SIRUP (DREIBLATT- ODER BITTERZITRONE)

Ein Sirup mit dem Geschmack von „Bitter Lemon“

1.000 g Poncirus-Früchte
1.000 ml Wasser
900 g Sirupzucker
Saft einer Zitrone

Die Früchte werden sauber gewaschen und geviertelt (1). Dabei bedenken, dass die Früchte sehr harzhältig sind. Durch das Harz kleben alle verwendeten Küchenutensilien. Wir arbeiten mit Einweghandschuhen und reinigen alle Utensilien mit Alkohol.

Die zerkleinerten Früchte nun in einen großen Topf mit Wasser geben und aufkochen. Unter Aufsicht 30 Minuten köcheln lassen. Vorsicht, zu Beginn der Kochzeit schäumen die Früchte stark (2). Gelegentliches Rühren und ein nicht zu kleiner Topf, der zu Beginn nicht zugedeckt werden sollte, schaffen Abhilfe. Anschließend alles durch ein feines Sieb gießen und gut ausdrücken. Der Saft erscheint nun milchig-weiß (3). Die gewonnene Flüssigkeit zurück in den sauberen Topf geben. Nun den Sirupzucker und den Zitronensaft einrühren und erneut aufkochen, dabei öfter umrühren. Sobald der Sirup kocht, gleich in vorbereitete saubere Flaschen abfüllen und gut verschließen. Die Flaschen einige Minuten hinlegen, zum Auskühlen wieder aufstellen.

PONCIRUS-APFEL-MARMELADE

(Quelle: https://passauer-goldpomeranze.de/rezepte.html)

500 g aromatische Äpfel
100 g Poncirus-Früchte
300 g Gelierzucker 2:1

Die Poncirus-Früchte waschen, vierteln und in einen Topf geben. Nun Wasser in den Topf geben, bis die Früchte zu zwei Dritteln unter Wasser sind. Das Ganze bis zum Kochen erhitzen und 30 Minuten köcheln lassen, dabei gelegentlich umrühren. Vorsicht! Anfangs schäumen die Früchte stark.

Inzwischen die Äpfel schälen, vom Kerngehäuse befreien, in kleine Stücke schneiden und ebenfalls in einen Topf geben. Etwas Wasser dazugeben und zugedeckt weich dünsten. Dabei öfter kontrollieren und bei Bedarf etwas Wasser nachgießen. Die Poncirus-Früchte abseihen, dabei gut ausdrücken und den gewonnenen Saft mit den Äpfeln vermischen. Mit einem Pürierstab oder Mixer bis zur gewünschten Konsistenz mixen. Anschließend den Gelierzucker unterrühren und unter regelmäßigem Rühren aufkochen. Die Marmelade sofort in vorbereitete saubere Gläser füllen und gut verschließen.

PRAXISTIPP

Der Geschmack der Dreiblattzitrone ist etwas gewöhnungsbedürftig. Verwendet man Gelierzucker 1:1, wird die bittere Note gemildert.

EBERESCHE (*Sorbus aucuparia*, ROSENGEWÄCHSE)

Anspruchsloser großer Strauch bis mittelgroßer Baum mit gefiederten Blättern und orangen bis roten, adstringierenden herben Früchten

Wuchsform: Großstrauch bis mittelgroßer Baum
Verwendung: Verarbeitungsfrüchte

Pflanzenportrait

Weitere Namen für die Eberesche sind unter anderem Vogelbeere, Drosselbeere, Quickenbeerbaum etc. Sie ist von Europa bis Mittelsibirien und bis in den hohen Norden verbreitet. In höheren Lagen wächst sie meist nur strauchförmig. Normalerweise wächst sie zu einem Baum von 6–12 m (–20 m) heran. Ihre relativ schmale (4–6 m), lichtdurchlässige Krone ist sehr locker aufgebaut. Die jungen Triebe sind leicht behaart, die hellgraue Rinde des Stammes ist glatt und glänzend. Auch die dunkelvioletten Winterknospen sind graufilzig behaart. Anfang April erscheinen die wechselständig angeordneten gefiederten Blätter. Sie sind im Herbst leuchtendrot verfärbt.

Gegen Ende Mai entfalten sich die großen, etwa 15 cm breiten, endständigen Trugdolden. Diese bestehen aus 200–300 cremeweißen, unangenehm duftenden Einzelblüten. Dieser unangenehme fischartige Geruch wird durch das Vorhandensein von Trimethylamin verursacht. Nicht Bienen, sondern Käfer und Fliegen bestäuben deshalb diese Blüten. Im Herbst prägen die zu großen Fruchtständen vereinten leuchtendroten Früchte die Eberesche.

Standort, Verwendung im Garten

Sowohl als Baum als auch als mehrstämmige Pflanze bietet sich die Eberesche als attraktives Gehölz für den Garten an. Auch in kalten Regionen gedeiht sie recht gut. Sie benötigt frische bis feuchte, nährstoffreiche Böden mit leicht saurer bis kalkhaltiger Bodenreaktion. Allerdings reagiert sie empfindlich auf Sommertrockenheit und Hitze.

Allgemeines

Früher verwendete man die Früchte der Eberesche als Lockmittel für den Vogelfang. Dies ist in deren lateinischem Artnamen enthalten, denn „*aucuparia*“ bedeutet so viel wie „Vogel fangen“. Singvögel waren früher eine beliebte Spezialität, leider ist das auch heute noch in einigen südlichen Ländern der Fall. Die Bezeichnung Eberesche bezieht sich auf die Ähnlichkeit der Blätter mit jener der Esche. Tatsächlich ist die Eberesche mit der Esche keineswegs verwandt.

Die Eberesche ist ein wichtiges Gehölz für Vögel (z. B. Drosseln) und die Blüten sind besonders attraktiv für Insekten. Auch Säugetiere naschen gerne an den Früchten der Eberesche.

Die Eberesche zählt zu den Feuerbrand-Wirtspflanzen.

Gesundheitliche Wirkung

Ob die Ebereschenbeeren, roh genossen, giftig sind oder nicht, dazu findet man unterschiedliche Angaben. Gesichert ist, dass die darin enthaltene Parasorbinsäure unverträglich ist und je nach konsumierter Menge zu Erbrechen und Durchfall führt. Durch Frosteinwirkung und durch Erhitzung wird diese Säure in bekömmliche Sorbinsäure umgewandelt und die Beeren verlieren dabei auch ihren unangenehmen Geschmack.

Im Mittelalter wurde der Tee aus getrockneten Beeren als Mittel gegen Durchfall eingesetzt, was durch ihren hohen Anteil an Pektin und Gerbstoffen erklärbar ist.

In der Volksmedizin wurden Ebereschen bei verschiedenen Beschwerden, wie Diabetes, Durchfall, Skorbut, und zur „Blutreinigung“ eingesetzt. Sorbitol ist auch als sanftes Abführmittel bekannt. In der Nahrungsmittelindustrie werden Ebereschen als Frischhaltemittel verwendet. Sorbitol dient auch als Zuckerersatz für Diabetiker.

Früchte

Ebereschen zählen botanisch zum Kernobst. Deren Früchte sind kugelige, 0,8–1,5 cm große, orangefarbene bis scharlachrote, apfelartige Scheinfrüchte. Sie werden in großen Scheindolden produziert.

Die Früchte reifen bereits ab August bis Mitte September, während dieser Zeit ist der Vitamin-C-Gehalt am höchsten. Sie schmecken dann bitter-säuerlich und sind adstringierend. Der bittere Geschmack ist auf die in den Früchten enthaltene Parasorbinsäure zurückzuführen. Vollreif werden sie erst etwa 3–4 Wochen später, in höheren Lagen erst im Oktober. Jetzt können sie getrocknet und als Kompott verarbeitet werden.

Ausgewachsene Bäume bringen einen Fruchtertrag von 20–40 kg.

Das Inhaltstoffmuster der Ebereschen-Früchte ist sehr interessant. Ein Teil des Zuckers (8,4 %) besteht aus Sorbit (Sorbitol). Die Samen der Eberesche enthalten Amygdalin und sollten nicht verzehrt werden. Die enthaltene und lokal reizende Parasorbinsäure kann beim Verzehr roher Früchte diverse Probleme, wie Durchfall und Gastritis, verursachen. Diese wird beim Trocknen zum Großteil und beim Kochen vollständig zu Sorbinsäure abgebaut.

Empfehlenswerte Sorten

Es gibt von der Eberesche einige Zierformen, die als Fruchtsorten aber keine Bedeutung haben. Interessant ist vor allem die Mährische, Essbare oder Edel-Eberesche (*Sorbus aucuparia* subsp. *moravica*). Sie unterscheidet sich durch einige Merkmale von der Gewöhnlichen Eberesche. Vor allem aber enthalten die Früchte der Mährischen Eberesche keine Bitterstoffe. Die Früchte schmecken süßsauer, ihr Aroma erinnert an Preiselbeeren. An Sorten dieser Unterart werden 'Klosterneuburger IV', 'Rossica', 'Rossica Major', 'Konzentra' sowie 'Rosina' und einige weitere Sorten angeboten. Es gibt weitere Hybriden zwischen der Eberesche und der Mehlbeere, deren Früchte ebenfalls nur sehr wenig adstringierend und deshalb wie jene der Mährischen Eberesche verwendbar sind.

Ernte & Lagerung

Die Fruchtstände werden händisch geerntet. Sie müssen mit einer Baumschere abgeschnitten werden.

Die Früchte an den Fruchtständen können in luftigen Steigen oder Körben kühl für 2–3 Wochen gelagert und in diesen Behältnissen auch transportiert werden. Bei längerer Lagerung werden allerdings Zucker und Vitamin C abgebaut.

HINWEIS

Die bereits an der Basis der Fruchtstände sitzenden Blütenknospen dürfen bei der Ernte nicht verletzt werden. Wegen der Gerbsäure in den Früchten empfiehlt es sich, bei der Ernte Einweghandschuhe zu verwenden.

Verarbeitung der Früchte

Ebereschen sollten nicht roh verzehrt werden. Die in den Früchten enthaltenen Bitterstoffe setzen diesbezüglich ohnehin kaum Anreize. Die kleinen Früchte enthalten Parasorbinsäure und sind deshalb schwach giftig. Bei Rohgenuss von mehreren Früchten können Durchfälle auftreten. Durch Erhitzen wird Parasorbinsäure in Sorbinsäure umgewandelt, die für den Verzehr unbedenklich ist.

Sorbinsäure wird auch in Gelierzucker als Konservierungsstoff zugefügt. Die Eberesche geliert sehr gut, deshalb kann sie wunderbar zu Mischmarmelade verarbeitet werden, beispielsweise mit Birnen.

Kompotte, Mischkompotte mit Birnen oder Äpfel, Chutneys sowie Ebereschen- oder Titan-Früchte mit Geist schmecken sehr gut zu Wildgerichten.

Rezepte

EBERESCHEN-KOMPOTT

Dieses herb-bittere Kompott ist nicht Jedermanns Geschmack.

500 g Ebereschen
500 ml Wasser
½ Zimtrinde
2 Gewürznelken

Ebereschen-Früchte von den Dolden zupfen, waschen und verlesen. Wasser mit Zucker und den Gewürzen in einem geeigneten Topf kurz aufkochen, dann die Ebereschen-Früchte dazugeben und ca. 3 Minuten mitkochen, Herd ausschalten und das Kompott zugedeckt noch etwa 5 Minuten ziehen lassen.

PRAXISTIPP

Möchte man auf Vorrat Kompott machen, die Früchte ca. 7 Minuten kochen lassen, sofort in vorbereitete, saubere Gläser füllen, gut verschließen und einige Minuten auf den Kopf stellen. Zum Abkühlen wieder umdrehen. Passt gut zu reifem Käse und Wildgerichten.

EBERESCHEN-MARMELADE

Leicht bittere Marmelade für den besonderen Gaumen

800 g Ebereschen-Früchte
200 g säuerliche Äpfel
500 g Gelierzucker 2:1

Ebereschen gut waschen und verlesen. Äpfel vom Kerngehäuse befreien und mit den Ebereschen und einigen EL Wasser in einen geeigneten Topf geben. Die Früchte langsam erhitzen, dabei den Topf zudecken. Wenn die Ebereschen weich sind, werden die Früchte mittels Passiergerät (Flotte Lotte) oder Beerenpresse von den Kernen befreit. Die Fruchtmasse wird in einem Topf mit Gelierzucker gut vermischt, langsam zum Kochen gebracht und unter ständigem Rühren 3–4 Minuten gekocht. Vorsicht! Die Marmelade spritzt aus dem Topf und brennt leicht an! Verbrennungsgefahr! Die Marmelade in vorbereitete saubere Gläser abfüllen und sofort verschließen. Lufteinschlüsse im Glas können durch vorsichtiges Klopfen des Glases auf der Arbeitsfläche beseitigt werden.

EBERESCHEN-CHUTNEY

900 g Ebereschen-Früchte
4 mittelgroße Zwiebeln
2 Äpfel
3 Paprika, rot
1 Chili
100 g Rosinen
400 g Gelierzucker 2:1
450 ml Balsamico-Essig
2 EL Tomatenmark
1 TL Zimt
1 TL Salz
Pfeffer

Die Ebereschen von den Stielen zupfen, verlesen, gut waschen und abtropfen lassen. Zwiebeln abziehen und fein würfeln oder hacken. Von den Äpfeln die Kerngehäuse entfernen, bei sehr ledriger Haut evtl. schälen und klein würfeln. Paprika und Chili putzen und ebenfalls fein würfeln. Alles zusammen, außer dem Gelierzucker, in einen großen Topf geben, gut verrühren und erhitzen. Bei mittlerer Hitze 60 Minuten offen köcheln (reduzieren), dabei regelmäßig umrühren.Nach einer Stunde den Gelierzucker zügig unterrühren und nochmals ca. 4 Minuten sprudelnd kochen. Das fertige Chutney abschmecken, eventuell nachwürzen und sofort in vorbereitete saubere Gläser füllen und gut verschließen.

PRAXISTIPP

Mit Chili vorsichtig umgehen, er schärft gewöhnlich noch etwas nach. Wer auf Schärfe verzichten will, nimmt statt Chili eine Paprikaschote mehr dazu.

STRAUCH-EBERESCHE (*Sorbus*-Hybride 'Titan', ROSENGEWÄCHSE)

Mittelgroßer Strauch bis kleinwüchsiger Baum mit gefiederten Blättern und anfangs roten, zur Reife weinroten, etwas herb schmeckenden Früchten

Wuchsform: Mittelgroßer Strauch bis Großstrauch
Verwendung: Verarbeitungsfrüchte

Pflanzenportrait

Die Hybrid-Eberesche 'Titan' wächst zu einem locker aufrechten, 3–4 m hohen Strauch oder kurzstämmigen Baum heran. Später entwickelt er eine breit-rundliche Krone. Blätter und Blütenstände sind ähnlich jenen der Eberesche, allerdings deutlich kleiner. Die Pflanzen sind sehr reichblühend bzw. reichfruchtend. Leider fruchten sie nicht regelmäßig. Die Fruchtreife erstreckt sich von September bis Oktober.

Standort, Verwendung im Garten

Die Ebereschen-Hybride 'Titan' ist wegen ihrer geringen Größe, der Blüte und wegen des reichen Fruchtbehanges ein attraktives Gehölz für den Garten. Sie kann entweder als Einzelstrauch/-baum oder aber in eine Hecke eingeplant werden.

Die Standortansprüche sind vergleichbar mit jenen der Eberesche.

Allgemeines

Die Hybrid-Ebereschen wurden von Mitschurin gezüchtet. Er begann 1905 mit dem Ziel, wirtschaftlich wertvolle Sorten mit großen Beeren und geringen oder keinen Bitterstoffen zu züchten und Arten verschiedener Gattungen miteinander zu kreuzen. Unter anderem kreuzte er die Eberesche mit der Apfelbeere, dem Weißdorn und der Mispel. Daraus entstanden mehrere wertvolle Hybriden, die heute wieder kultiviert werden. Sie werden wissenschaftlich als Gattungshybriden (X *Sorbaronia sp.*) bezeichnet.

'Titan' ist wahrscheinlich aus einer Kreuzung zwischen der Eberesche und einem Weißdorn (*Crataegus sanguinea*) hervorgegangen. Inwieweit auch die Apfelbeere beteiligt war, ist nicht mehr nachvollziehbar.

Hybrid-Ebereschen werden meist auf Weißdorn als Unterlage (bessere Verträglichkeit), seltener auf die Eberesche veredelt.

Die Hybrid-Ebereschen zählen ebenfalls zu den Feuerbrand-Wirtspflanzen.

Gesundheitliche Wirkung

Siehe Eberesche, S. 46

Früchte

Die Früchte der Hybrid-Eberesche 'Titan' sind etwas größer (ca. 1,5 cm) als jene der Eberesche. Anfangs sind sie rot, mit zunehmender Reife färben sie sich dann dunkel- bis weinrot. Bezüglich des Geschmacks sind sie ähnlich wie die Eberesche, allerdings nur leicht bitter und deshalb bekömmlicher.

Pro Pflanze kann man mit einem Ertrag von 15–35 kg rechnen.

Empfehlenswerte Sorten

Neben 'Titan' werden noch weitere Sorten der Hybrid-Eberesche angeboten. 'Burka' und 'Likjornja' sind aus einer Kreuzung zwischen der Eberesche und der Schwarzen Apfelbeere hervorgegangen. Die Fruchtstände sind kleiner als jene von 'Titan'. Sie wachsen strauchförmig und werden kaum 2,5 m hoch. Ihre Früchte sind schwarzrot, vollreif purpurschwarz und leicht adstringierend und herbsüß. 'Granatnaja' ist eine weitere Hybrid-Eberesche mit granatfarbenen Früchten von sauersüßem Geschmack ohne Bitterkeit. Die Sorte 'Mitschurina Desertnaja' ist aus einer Kreuzung von 'Likjornaja' mit einer Mispel hervorgegangen. Die schwachwüchsige Pflanze produziert mittelgroße, mispelähnliche rotbraune Früchte mit süß-pikantem, leicht bitterem Geschmack.

Ernte & Lagerung

Die Fruchtstände werden händisch geerntet. Die an der Basis der Fruchtstände sitzenden Blütenknospen dürfen dabei nicht verletzt werden. Anschließend werden die Fruchtstände händisch abgerebelt.

Die Früchte können so in luftigen Steigen oder Körben für eine gewisse Zeit gelagert oder in diesen Behältnissen transportiert werden. Bei der Lagerung werden allerdings Zucker und Vitamin C abgebaut.

Verarbeitung der Früchte

Rezepte

TITAN MIT GEIST

1.000 g Titan-Früchte
500 ml Wasser
250 g Rohrzucker
150 ml Verjus oder Zitronensaft
½ Zimtrinde
½ Vanilleschote
300 ml Birnenschnaps

Titan-Früchte waschen, verlesen und gut abtropfen lassen. In einem großen Topf Wasser mit Zucker und Gewürzen erhitzen und kurz aufkochen. Nun die Titan-Früchte in den Gewürz-Sud dazugeben und nochmals ca. 4–5 Minuten kochen lassen. Verjus oder Zitronensaft und Birnengeist in den Topf dazugeben und sofort in vorbereitete saubere Gläser abfüllen und gut verschließen.

PRAXISTIPP

Titan-Früchte sind sehr dekorativ für Desserts, passen auch gut zu Roastbeef oder Grillfleisch sowie reifem Käse.

TITAN-APFEL-FRUCHTLEDER

1.000 g Titan
500 g säuerliche Äpfel
500 g Feinkristallzucker

Titanfrüchte gut waschen und verlesen. Äpfel vom Kerngehäuse befreien, in Stücke schneiden und mit den Titanfrüchten in einem großen Topf mit einigen EL Wasser dünsten, bis die Beeren weich sind. Anschließend mittels Passiergerät (Flotte Lotte) von den Kernen befreien. In einem geeigneten Topf das Fruchtmus mit Zucker vermischen und unter mehrmaligem Rühren langsam erhitzen. Die Fruchtmasse auf eine Dörr- oder Dauerbackfolie dünn aufstreichen. Im Dörrapparat oder im Backofen (Umluft) bei leicht geöffneter Tür 12–15 Stunden bei 45 °C trocknen. Das Fruchtleder muss sich gut von der Folie abziehen lassen, elastisch und nicht sehr klebrig sein, dann ist der Trockenvorgang abgeschlossen. Wir schneiden die Fruchtleder-Platten mit einem Pizza-Rad in kleine Quadrate und wälzen sie abschließend in Feinkristallzucker, damit sie nicht aneinanderkleben.

PRAXISTIPP

Ist das Fruchtleder fertig, muss es luftdicht verpackt werden, sonst nimmt es Feuchtigkeit aus der Luft auf und wird klebrig und unansehnlich.

TITAN-SIRUP

Bestricht durch seine wunderschöne Farbe und angenehmen Geschmack

3.500 g Titan-Beeren, gerebelt
1.400 g Sirupzucker für Früchte

Die purpurfarbenen Früchte werden von den Stielen gerebelt, gewaschen und verlesen. Im Dampfentsafter entsaftet, ergibt diese Menge Früchte etwa 1.800 ml Saft.

Der Saft wird abgemessen und mit dem Sirupzucker gut verrührt. Nun wird der Sirup auf 80 °C erhitzt und anschließend sofort in vorbereitete saubere Flaschen abgefüllt. Die Flaschen werden einige Minuten hingelegt, damit der Verschluss innen durch die Hitze keimfrei wird.

TITAN-MARMELADE

Dunkel-rubinrote Farbe und angenehm herber Geschmack

1.100 g Titanbeeren
500 g Gelierzucker 2:1

Die abgerebelten Titanbeeren verlesen, waschen und mit etwas Wasser oder Apfelsaft in einen Topf geben und langsam erhitzen, bis die Beeren weich sind.

Etwas abkühlen lassen und mit einem Passiergerät (Flotte Lotte) zu einem kernlosen Fruchtmus verarbeiten. Das Fruchtmus mit Gelierzucker in einen Topf geben, unter oftmaligem Rühren langsam erhitzen und 3–4 Minuten kochen lassen. Vorsicht, die Masse spritzt! Sofort in vorbereitete saubere Gläser füllen und gut verschließen.

PRAXISTIPP

Probieren Sie diese Marmelade als Füllung in Weihnachtskeksen (z. B. Spitzbuben). Das Aroma der Marmelade verleiht der Bäckerei einen sehr angenehmen Geschmack und die Farbe ist einzigartig!

FEIGE (*Ficus carica*, MAULBEERGEWÄCHSE)

Mediterraner wärmeliebender starkwüchsiger Strauch mit großen eingebuchteten Blättern und 3–10 cm großen, birnen- bis tropfenförmigen Früchten von süßem Geschmack

Wuchsform: Großstrauch, Kleinbaum
Verwendung: Frischverzehr, Verarbeitungsfrüchte

Pflanzenportrait

Die ursprüngliche Heimat des Feigenbaumes erstreckte sich von Kleinasien bis Nordafrika, aber er wird bereits seit Jahrtausenden auch im Mittelmeerraum kultiviert.

Im Mittelmeergebiet werden Feigen auch baumförmig kultiviert. Aber um sie besser beernten zu können, werden sie relativ niedrig gehalten. Bei uns entwickeln sich die Feigen meist nur strauchförmig und werden 2–4 m hoch, man sollte eine Fläche von 2–3 m^2 einplanen. Ihre sommergrünen Blätter sind lang gestielt, 3–5–9-lappig und 10–20 cm groß. In den Blattachseln etwa im mittleren Bereich der vorjährigen oder diesjährigen Triebe entwickeln sich kleine urnenförmige Blütenstände. In deren Inneren sitzen die Blüten. Alle bei uns verwendeten Sorten sind parthenocarp (jungfernfrüchtig), sie müssen nicht bestäubt werden. Die Feigenfrüchte reifen je nach Sorte entweder im Frühsommer (Blühfeigen) oder im Herbst (Herbstfeigen). Die so genannten „Hausfeigen“ bringen zweimal je Saison reife Früchte hervor.

Standort, Verwendung im Garten

In unseren Breiten benötigt der Feigenbaum unbedingt einen geschützten Standort. Seine Winterhärte ist mit etwa –15 °C beschränkt, weshalb er vorwiegend in Gebieten mit Weinbauklima kultiviert wird. Ein Winterschutz ist vorteilhaft, man sollte zumindest den Boden mit einer 10–15 cm dicken Mulchschicht aus Laub oder Ähnlichem bedecken bzw. die Stammbasis mit Laub schützen. Im Zweifelsfall kann man die dickeren Äste zusammenbinden und sie mit durchlässigen Materialien, wie Jute, Vlies etc., schützen.

Kalte Winde und Frostlagen wirken sich negativ aus, deshalb sollte den Feigen ein geschützter Standort zugedacht werden. Der Boden sollte tiefgründig, dabei aber durchlässig und kalkhaltig sein. Damit sich die Früchte gut entwickeln können, benötigen sie ausreichende Feuchtigkeit. Für das Ausreifen benötigen sie einen warmen und sonnigen Herbst.

Für die Größenbegrenzung kann man einen regelmäßigen leichten Auslichtungsschnitt durchführen.

Allgemeines

Vorsicht – bei allen Teilen der Feigenpflanze tritt bei Verletzungen ein klebriger Milchsaft aus, der hautreizend wirkt. Schon der Kontakt mit Feigenblättern kann zu Juckreiz (und eventuell Rötungen der Haut) führen.

Feigenbäume lassen sich einfach durch Steckhölzer vermehren. Dazu werden vorjährige, etwa 1,5 cm dicke Triebe gegen Ende des Winters in 25–30 cm lange Stücke geschnitten. Diese steckt man in lo-

ckeren und gut durchlässigen Boden, dass nur mehr die oberste Knospe sichtbar ist. Man kann sie auch einfach durch Ableger vermehren.

Sehr strenge Winterfröste können das Holz der Feigen beschädigen, die Pflanzen treiben aber wieder willig aus der Basis bzw. aus den dicken Stämmen aus.

Mäuse können im Wurzelbereich Schäden anrichten, Vögel und Wespen naschen gerne an den reifen Früchten. Die Larven des Feigen-Spreizflügel-Falters können durch viele kleine Fraßlöcher die Blätter schädigen. Abgestorbene Triebe mit Pustelpilzen und die von Schimmelpilzen befallenen Früchte müssen umgehend entfernt werden.

Vorsicht beim Schneiden der Sträucher: Der ausfließende weiße Saft verursacht braune Flecken auf der Kleidung, die sich auch durch Waschen nicht entfernen lassen!

Gesundheitliche Wirkung

In einigen Mittelmeerländern dienen Feigenblätter als altes Hausmittel, Hautverletzungen sollen dadurch schneller heilen.

Unreife Früchte enthalten das Enzym Ficin, Lipasen und andere Stoffe, die bei manchen Menschen Hautausschläge und Juckreiz hervorrufen können.

Feigen werden seit Langem in der Erfahrungsmedizin als Abführmittel angewandt, da sie durch ihren Gehalt von 50–70 % Invertzucker, 5 % Pektin und organischen Säuren peristaltikanregende Wirkung haben, osmotisch volumenvermehrend sind und damit den Stuhlgang erleichtern.

Eine weitere medizinische Anwendung der Feige findet sich in Form von Gemmomazeraten, welche ein spezieller Zweig der Phytotherapie sind, bei

dem frische Knospen in Glycerin eingelegt werden, wodurch sich andere Inhaltstoffe als bei der klassischen Herstellung von Tinkturen lösen. Zugeschrieben wird der Behandlung mit dem Gemmomazerat der Feige eine Reihe von Erfolgen, wie z. B. bei psychosomatischen Beschwerden, bei der Beseitigung von Ängsten, auch ausgleichende Wirkung bei hyperaktiven Kindern wird beschrieben.

Früchte

Feigen sind Scheinfrüchte, die aus den im Inneren der fleischig gewordenen Blütenachse entstanden sind. Die fleischige Blütenachse ist der saftige und süße, essbare Teil der Frucht. Je nach Sorten können die Früchte tropfen- oder birnenförmig sein. Sie werden 3–10 cm lang und 2,5–6,5 cm dick und wiegen zwischen 40 und 70 g. Es gibt Sorten mit gelblicher, purpurroter und dunkelvioletter bis fast schwarzer Fruchtschale. Weißlich bis rötlich sowie weich und saftig ist das angenehm süß und aromatisch schmeckende Fruchtfleisch. Die Früchte sitzen einzeln bis paarweise in den Blattachseln an einjährigen oder zweijährigen Trieben.

Auffallend ist der hohe Gehalt an Kohlenhydraten (15,7 g/100 g), aber auch Eiweiß (1,3 g/100 g) und Fett (0,5 g/100 g) sind erwähnenswert. An weiteren Inhaltstoffen sind noch Mineralstoffe (0,7 g/100 g) und Vitamine enthalten.

Empfehlenswerte Sorten

Es gibt unzählige Feigensorten, darunter viele Lokalsorten. 'Brown Turkey' ist eine der am meisten verwendeten Sorten. Sie ist anpassungsfähig und robust, gut winterhart und regeneriert sich nach Winterschäden wieder schnell. Sie fruchtet zweimal, von Juni bis Juli bringt sie birnenförmige goldbraune, 50–100 g schwere Früchte hervor. Die Herbstfrüchte reifen ab September, sie sind rundlicher und bei Vollreife dunkelviolett. 'Dalmatie' wächst schwächer, sie bringt im Juni bis fast 20 cm lange birnenförmige Früchte mit einem Fruchtgewicht bis zu 100 g hervor. Die Herbstfrüchte im September bis Oktober weisen eine rundlichere Form auf. Das Fruchtfleisch ist purpurrot und der Geschmack ausgezeichnet. Auch 'Madeleine des deux Saisons' ist eine viel verwendete empfehlenswerte, zweimal tragende Sorte. 'Pastiliére' zählt zu den einmaltragenden Herbstfeigen, es ist eine Sorte mit dünner Fruchthaut und blaugrauen bis blauvioletten Früchten. Sie wächst von Natur aus baumförmig und wird kaum 2–3 m hoch. Die etwa 60 g schweren Früchte mit ausgesprochen feinem Aroma reifen Ende Juli bis Anfang August. 'Ronde de Bordeaux' bringt vorwiegend im August bis September sehr zahlreiche rundliche bordeauxrote bis fast schwarze, allerdings kleine (40 g schwere) Früchte hervor. Mit ihrem fruchtig süßen, ausgewogenen Aroma zählt sie zu den beliebtesten Feigensorten. Darüber hinaus ist ihre gute Winterhärte (unter –15 °C) ein Vorteil in den mitteleuropäischen Gärten. Weitere empfehlenswerte Sorten sind 'Contessina®', 'Perretta®' u. v. a.

Ernte & Lagerung

Feigensträucher und -bäume sind sehr reichfruchtend. Bis zu 10 kg Früchte pro Strauch sind keine Seltenheit, von großen Sträuchern kann man mitunter die doppelte Menge und mehr ernten. Idealerweise erntet man nur vollreife Feigen. Wenn die dünne Haut rissig wird, dann sind sie reif. Sorten mit brauner oder violetter Fruchthaut zeigen an, dass sie reif sind, wenn sich die anfangs grünen Früchte verfärben. Reife Früchte müssen sofort geerntet werden, da diese ansonsten von Insekten, wie Essigfliegen, Wespen und Hornissen, Ameisen, und anderen Tieren angeknabbert werden. Reife Feigen sind nur wenige Tage im Kühlschrank haltbar.

Reife Feigen kann man ein paar Tage im Kühlschrank lagern, weiters tiefgefrieren oder trocknen. Wir schneiden die Feigen in kleine Stücke (2–3 cm), legen sie auf Dörrfolie oder alternativ Backpapier und trocknen sie im Dörrgerät oder Backofen bei etwa 50 °C. Im Winter sind die Stückchen dann sehr schmackhaft und praktisch zu verwenden, beispielsweise im Müsli. Tiefgefrorene Feigen sind nach dem Auftauen eher matschig und dadurch nicht mehr für alle Zubereitungsarten brauchbar.

HINWEIS

Unreif geerntete Früchte sind roh ungenießbar und reifen auch nicht nach!

Verarbeitung der Früchte

Feigen kann man nach dem Waschen samt der Schale roh verzehren. Wen bei manchen Sorten die dickere Schale stört, kann die Früchte auseinanderschneiden und auslöffeln oder schälen. In Ländern mit ähnlichem Klima wie in Österreich wird, auch sortenabhängig, meist nur eine Ernte im Jahr möglich sein. Und jedes Jahr stellt man fest, dass viele Feigen am Strauch vor dem Winter nicht zur Reife gelangen und somit unbrauchbar sind. Mit diesen halb-reifen Früchten kann man allerdings ein sehr schmackhaftes Chutney zubereiten. Verwendet man frische Feigen zusammen mit Milchprodukten, sollte man diese Speisen rasch verzehren. Feigen enthalten ein eiweißspaltendes Enzym, was einen bitteren Geschmack erzeugt.

Rezepte

Feigen sind sehr vielseitig verwendbar: Marmelade, Mischmarmelade, Kompott, Gebäck, Dörrfeigen, Kandierte Feigen, Sirup, Likör, Konfekt und vieles mehr kann man daraus zubereiten.

FEIGEN-ORANGEN-MARMELADE

1 kg frische Feigen
1 Bio-Orange
500 g Gelierzucker 2:1

Zuerst die Feigen mit dicker Schale schälen, Stiel entfernen und vierteln. Bei Feigen mit dünner Schale nur den Stiel entfernen. Gemeinsam mit dem Gelierzucker in einen großen Topf geben, gut verrühren und zugedeckt mindestens 2 Stunden ziehen lassen. Inzwischen die Orange gut waschen, mit einem Sparschäler ganz dünn abschälen und die Schale mixen oder ganz klein hacken. Von den Orangenspalten die Haut abziehen (filetieren), in kleine Stücke schneiden und zur Feigenmasse dazugeben. Langsam unter öfterem Rühren erhitzen, 3–4 Minuten kochen lassen und sofort in vorbereitete saubere Gläser füllen und gut verschließen.

PRAXISTIPP

Orangen kann man durch Kumquat ersetzen. Kumquats werden nur gewaschen und samt der Schale in kleine Stückchen geschnitten.

FEIGEN-ZWIEBEL-CHUTNEY

Fruchtig, scharf

500 g frische Feigen
500 g rote Zwiebeln
250 g Rohrzucker
250 ml Rotwein
Etwas abgeriebene Zitronenschale
3 EL Balsamico-Essig
½ TL Zimt
1 Prise Chili

Zuerst die Zwiebeln schälen und in dünne Scheiben schneiden oder hobeln. Die Feigen vierteln, größere Früchte achteln. Zucker in einem großen Topf zusammen mit den Zwiebeln karamellisieren und mit Rotwein ablöschen. Die Feigen dazugeben und alles verrühren. Mit Zitronenschale, Zimt, Balsamico-Essig und nach Geschmack mit Chili abschmecken.

Das Chutney unter Rühren bei geringer Hitze köcheln lassen, bis es die gewünschte Konsistenz erreicht hat. Sehr heiß in saubere Gläser füllen und gut verschließen. Passt sehr gut zu Käse, gegrilltem Fleisch oder zu gebratenem Gemüse.

PRAXISTIPP

Falls das Chutney auch für Kinder geeignet sein soll, den Rotwein durch Traubensaft ersetzen, etwas weniger Zucker verwenden, dafür mit dem Saft einer halben Zitrone würzen.

FEIGEN-ZITRONENQUITTEN-NASCHEREI

Fruchtige Nascherei

1.000 g Feigen
250 g Zitronenquitten
500 g Gelierzucker 2:1

Zitronenquitten gut waschen, vierteln und das Fruchtgehäuse entfernen. Schälen ist nicht nötig. Die Zitronenquittenstücke mit 100 ml Wasser in einen Topf geben, langsam erhitzen und zugedeckt dünsten, bis die Früchte nach ca. 15 Minuten weich sind.

Inzwischen die Feigen vom Stiel befreien, vierteln, größere Früchte achteln, in einen Topf geben und mit Gelierzucker verrühren.

Nun die weich gedünsteten Zitronenquitten mit einem Passiergerät (Flotte Lotte) bei mittlerer Siebgröße durchpassieren und zu den Feigen geben. Alles gut miteinander verrühren und langsam, unter ständiger Aufsicht und öfterem Rühren aufkochen. 3 Minuten unter ständigem Rühren kochen lassen, dann die Fruchtmasse auf eine Dörrfolie oder alternativ auf ein Backpapier ca. 5 mm dick aufstreichen. Im Dörrgerät bei 45 °C ca. 18–20 Stunden dörren, alternativ im Backofen bei 50 °C 18–20 Stunden trocknen. Die Backofentür stets einen Spalt offenlassen, damit der Dampf entweichen kann. Am besten einen Holz-Kochlöffel in die Tür klemmen.

Das Fruchtleder ist fertig, wenn es abgekühlt nicht mehr klebt und sich wie ein Leder von der Folie bzw. vom Backpapier abziehen lässt. Das Fruchtleder wird jetzt in etwa 1 cm große Stücke geschnitten und in Feinkristallzucker gewälzt, damit es während des Lagerns nicht zusammenklebt.

PRAXISTIPP

Besser als Backpapier hat sich eine Dauerbackfolie oder Dörrfolie bewährt. Am Backpapier kann die Fruchtmasse stark haften und sich manchmal nur schwer ablösen lassen.

GEWÜRZFEIGEN-CHUTNEY

Rezept für unreife Feigen

- 500 g unreife Feigen
- 500 g Zucker
- 300 ml Apfel- oder Orangensaft
- Saft einer Zitrone
- 5 Gewürznelken
- 2 TL Zimt
- 1 Prise Piment
- 1 Prise Kardamon, gemahlen
- 1 EL frischer Ingwer, gerieben

Die Feigen waschen und den Stiel entfernen. Anschließend die noch harten Früchte in etwa 2 cm große Stücke schneiden. Alle Zutaten in einen Topf geben, gut vermischen und langsam aufkochen. Bei offenem Topf 20–30 Minuten lang bei niedriger Hitze weiterkochen, dabei öfter umrühren. Nun sollte die Flüssigkeit soweit verdampft sein, dass eine sämige Fruchtmasse entstanden ist. Ist das Chutney noch zu flüssig, noch weitere 10 Minuten köcheln lassen. Hat das Chutney die richtige Konsistenz, sofort in vorbereitete saubere Gläser abfüllen und gut verschließen.

PRAXISTIPP

Passt sehr gut zu gebratenem Butternut-Kürbis, Grillfleisch und reifem Käse.

FEIGEN IM SPECKMANTEL

Delikate Vorspeise

- 4 mittelgroße reife frische Feigen
- 4 Scheiben Prosciutto Crudo
- Ziegenkäse
- Zahnstocher aus Holz

Backofengrill vorheizen. Die Feigen waschen, gut abtropfen lassen und den Stiel entfernen. Vom Ziegenkäse werden 4 Würfel 1,5 x 1,5 cm abgeschnitten. Die Feigen nun mit einem scharfen Messer beim Stiel-Ende kreuzweise einschneiden, dabei aber nicht durchschneiden. In die entstandene Öffnung ein Stückchen Ziegenkäse geben und die Feige anschließend mit einer Scheibe Prosciutto Crudo umwickeln, dabei das Ende mit einem Zahnstocher feststecken. Alle Feigen in eine feuerfeste Form setzen und im Backofen auf der mittleren Schiene 5–6 Minuten grillen. Sofort servieren!

FEIGEN-FRUCHTLEDER

- 500 g frische Feigen
- Saft einer halben Zitrone
- 2 EL Zucker

Feigen putzen, dabei Stiele und, je nach Sorte, die dicke Haut abziehen. Die Früchte in einem Mixer mit Zucker und Zitronensaft gut mixen. Die Fruchtmasse dünn auf eine Dörrfolie, alternativ auf ein Backpapier, aufstreichen und im Dörrapparat bei 40–45 °C, je nach Stärke der Fruchtmasse, 10–15 Stunden dörren, bis sich die Fruchtmasse trocken anfühlt, nicht mehr klebt und sich rückstandslos von der Folie abziehen lässt. Nun in 2 cm dicke Streifen schneiden und Röllchen formen. In luftdichte Gläser oder Beutel verpacken und kühl lagern. Am besten aber bald genießen.

PRAXISTIPP

Dörrt man im Backofen, für eine bessere Luftzirkulation einen Holz-Kochlöffel in die Backofen-Tür klemmen.

FELSENBIRNE, KUPFER- (*Amelanchier lamarckii*, ROSENGEWÄCHSE)

Locker aufgebauter großer Strauch mit prächtiger Blüte, kleinen süßen dunkelpurpurnen Apfelfrüchten und leuchtendroter Herbstfärbung

Wuchsform: Großstrauch
Verwendung: Frischverzehr, Verarbeitungsfrüchte

Pflanzenportrait

Die Felsenbirne wird auch als Rosinenbaum oder Korinthenstrauch angeboten, der englische Name „Juneberry" bedeutet Junibeere, weil die Früchte bereits im Juni reifen. Die hier behandelte Art stammt ursprünglich aus Amerika und ist in Mitteleuropa teilweise verwildert bzw. eingebürgert. Sie wächst zu einem locker aufgebauten, 5–6 m, unter günstigen Bedingungen sogar bis 10 m hohen mehrstämmigen Großstrauch heran, der im Alter mitunter 5–8 m breit wird. Es ist die am häufigsten verwendete Art innerhalb der Gruppe der Felsenbirnen. Diese Art zeichnet sich durch ihren kupfrig-roten Austrieb und ihre überreiche Blütenfülle aus. Anfangs sind die Blätter und die jungen Triebe seidig behaart. Ausgewachsen sind ihre länglich eiförmigen oder ovalen Blätter 4–8 (–10) cm lang.

Ihre reinweißen Blüten entwickeln sich vor oder mit dem Laubaustrieb im April und präsentieren sich in aufrechten bis nickenden Blütenrispen, die aus je 5–8 Einzelblüten bestehen. Daraus entwickeln sich bis Ende Juni violettrote bis dunkelpurpurne Früchte. Mit einem leuchtenden Rot verabschieden sich die Blätter im Herbst.

Standort, Verwendung im Garten

Dieser robuste und gut winterharte Strauch ist ein prächtiges Solitärgehölz für den Garten. Er ist aber auch als Gruppen- und Heckenstrauch interessant und kann sogar für mehrere Jahre in Pflanzkübeln kultiviert werden. Er bevorzugt normale, leicht saure bis leicht kalkhaltige Bodenverhältnisse bei mäßiger Bodenfeuchte. Verdichtete schwere nasse Böden meidet die Felsenbirne. Auf sonnigen Standorten wird sich dieser Strauch prächtig entwickeln.

Allgemeines

Pflegemaßnahmen sind kaum notwendig, man sollte aber frühzeitig beginnen, jeweils einzelne (immer die ältesten) Triebe bodennah herauszuschneiden. Dadurch können die Pflanzen im Garten vital und kleiner gehalten werden. Starke Spätfröste könnten eventuell bereits geöffnete Blüten schädigen.

Felsenbirnen lassen sich durch Aussaat vermehren. Will man bestimmte reichfruchtende Typen/Sorten, so müssen diese vegetativ vermehrt werden. Dies kann durch Grünstecklinge im Sommer oder durch Veredelung auf eine Unterlage (einer nahe verwandten Art, z. B. auf *Crataegus*) erfolgen.

Felsenbirnen werden kaum von Krankheiten heimgesucht. Junge Pflanzen sollten vor Wildverbiss (z. B. Hasen und Rehe) geschützt werden. Reife Früchte werden gerne von Vögeln verzehrt. Allerdings ist zu erwähnen, dass die Felsenbirne zu den Wirtspflanzen

des Feuerbrandes zählt und in einigen Obstanbaugebieten ein Auspflanzverbot besteht.

In Kanada wird die Felsenbirne auch in Plantagen kultiviert. Hierfür wird die Ertragsselektion Saskatoon Serviceberry 'Aroma' (Erlenblättrige Felsenbirne, *Amelanchier alnifolia*) auf 85 % der Anbaufläche für Felsenbirnen verwendet.

Gesundheitliche Wirkung

Felsenbirnen wurden von den Indianern in Amerika als Nahrungsmittel und Medizin verwendet. Sie verwendeten den so genannten „Pemmikan“ als Reiseproviant. Um Pemmikan zu bereiten, verwendeten sie eine Mischung aus getrocknetem Bisonfleisch, Talg und den getrockneten Felsenbirnen. Vermischte man diesen mit heißem Wasser, so erhielt man eine nahrhafte Suppe. Um Magenverstimmungen zu lindern, tranken sie den Saft der Felsenbirnen.

Viele Menschen wissen nicht, dass die Früchte der Felsenbirnen essbar sind, oft werden sie sogar als giftig angesehen. Die Samen enthalten zwar auch geringe Mengen an Blausäure-Glykosiden, die jedoch nur dann frei werden, wenn man die Samen zerkaut.

Der Gehalt an Eisen, Flavonoiden, Gerbstoffen, Kalium, Magnesium, Pektin und Vitamin C macht diese Frucht zu einem sehr wertvollen Lebensmittel.

Früchte

Auch wenn sie wie Beeren aussehen, so sind die Früchte der Felsenbirne tatsächlich Apfelfrüchte und zählen im weitesten Sinne zum Kernobst. Die leicht bereiften Früchte der Felsenbirne werden etwa 10–15 mm groß, sind saftig, schmecken sehr süß und weisen ein zartes Mandelaroma auf. Anfangs sind sie rot, später dunkelpurpurn bis fast schwarz. Ihre Reifezeit erstreckt sich von Ende Juni bis Mitte Juli. Unter günstigen Bedingungen kann man von diesen Sträuchern, wenn sie einigermaßen ausgewachsen sind, bis zu 15 kg pro Strauch ernten.

Sie enthalten viel Zucker (18 %), die Vitamine A, B und C, Pektin und Flavonoide, Anthocyane (ca. 200 mg/100 g) sowie Mineralstoffe und Gerbstoffe.

Empfehlenswerte Sorten

Natürlich können die Früchte von allen samenvermehrten Pflanzen geerntet werden. Das gilt auch für die Kahle Felsenbirne (*Amelanchier laevis*) und die heimische Gemeine Felsenbirne (*Amelanchier

ovalis*). Für die Verwendung im Garten empfiehlt sich aber die Verwendung der Fruchtsorte 'Ballerina', weil sie wesentlich höhere Erträge bringt.

Ernte & Lagerung

Die Früchte werden, sobald sie reif sind, gepflückt und können für kurze Zeit im Kühlschrank aufbewahrt werden. Sie lassen sich auch sehr gut trocknen oder tiefgefrieren. Die Früchte der Felsenbirne sind sehr schmackhaft, was inzwischen auch unsere zahlreichen Gartenvögel wissen. Warten Sie deshalb nicht zu lange mit der Ernte! Die kleinen Früchte reifen nicht gleichzeitig, einige Pflückdurchgänge sind nötig.

Verarbeitung der Früchte

Felsenbirnen sind Naschfrüchte, die, frisch vom Strauch gepflückt, am besten schmecken. Wir verwenden sie auch gerne statt Rosinen im Apfelstrudel. Dazu werden die Felsenbirnen bei 50 °C im Backofen oder im Dörrapparat getrocknet. Luftdicht aufbewahrt, hat man das ganze Jahr gesunde, aromatische „Rosinen".

Für Marmeladen entfernen wir die kleinen Kerne mit einer Beerenpresse, alternativ mit einem Passiergerät (Flotte Lotte) mit dem kleinsten Lochsieb. Man muss sie aber nicht entfernen, wenn sie nicht stören.

Rezepte

FELSENBIRNEN-MARMELADE

1.100 g Felsenbirnen
500 g Gelierzucker 2:1

Felsenbirnen waschen und verlesen. In einem Topf mit einigen EL Wasser zugedeckt bei wenig Hitze 10 Minuten langsam dünsten, bis die Früchte weich sind. Nun mit einem Passiergerät (Flotte Lotte) die Kerne entfernen. Das Felsenbirnen-Mus in einem Topf mit Gelierzucker gut verrühren und unter öfterem Rühren langsam zum Kochen bringen. 3–4 Minuten kochen und sofort in vorbereitete saubere Gläser abfüllen und gut verschließen.

PRAXISTIPP

Felsenbirnen können gut mit sauren Früchten kombiniert werden, da ihnen die Säure fehlt. Mischmarmeladen mit sauren Apfelsorten schmecken sehr gut.

FELSENBIRNEN-LIKÖR

500 g Felsenbirnen
250 g Kandiszucker
1 l guter Obstler oder Korn, 40 Vol.-%

Frische Felsenbirnen waschen und verlesen. Zusammen mit Kandiszucker in ein großes verschließbares Glas geben. Gewünschten Ansatz-Alkohol dazugeben und an einem warmen Ort fünf Wochen ziehen lassen. Nach dieser Zeit den Liköransatz durch ein Mulltuch oder ein feines Sieb abseihen. Je nach Geschmack mit etwas Wasser verdünnen.

PRAXISTIPP

Man kann den Likör vorsichtig mit Gewürzen, wie Vanilleschote, Zimt und Gewürznelken, aromatisieren. Nicht zu viel, um diesem besonderen Likör nicht den Eigengeschmack zu nehmen.

FELSENBIRNE, ERLENBLÄTTRIGE

(Verarbeitung und Rezepte siehe Felsenbirne, S. 58 f.)

Erlenblättrige Felsenbirne (*Amelanchier alnifolia*): Sorten der nordamerikanischen Erlenblättrigen Felsenbirne werden unter der Bezeichnung „Saskatoon Serviceberry" angeboten. Von dieser Art gibt es inzwischen zahlreiche Fruchtsorten wie 'Bluemoon', 'Smoky', 'Saskaton Blue' sowie die geschützten Sorten der Greatberry-Serie ('Aroma', 'Farm', 'Fruity' und 'Garden'). Diese werden kaum 2–4 m hoch, wachsen schmal aufrecht, bringen bis 17 mm große Früchte hervor und sind überaus reichfruchtend.

GOJI-BEERE *(Lycium barbarum,* NACHTSCHATTENGEWÄCHSE)

Anspruchsloser, etwa mannshoher Strauch mit leicht bedornten, dünnen überhängenden Trieben und kleinen roten, etwas süßlich-bitter schmeckenden Früchten (Superfood!)

Wuchsform: Kleinstrauch
Verwendung: Frischverzehr, Verarbeitungsfrüchte

Pflanzenportrait

Die Goji-Pflanze wird in China bereits seit Jahrtausenden kultiviert. Die Unterschiede zwischen der Chinesischen Goji-Beere (*Lycium chinense*), die auch als Wolfsbeere oder Teufelszwirn bezeichnet wird, und der bei uns heimischen bzw. eingebürgerten Art, die als Bocksdorn (*Lycium barbarum*) bekannt ist, sind so gering, dass die Arten inzwischen nicht mehr unterschieden werden. In diesem Buch werden allerdings nur die Kultursorten beschrieben, da nur diese sowohl vom Geschmack als auch die Inhaltstoffe betreffend als Obst geeignet sind.

Goji-Beeren-Sträucher wachsen zu 2–3 m hohen Sträuchern mit rutenartig überhängenden Zweigen heran. Sie bilden zahlreiche Wurzelausläufer. Ihre seitlichen Kurztriebe enden oft in kleinen Dornen. Ihre Blätter sind länglich-lanzettlich, 3–10 cm lang und beiderseits graugrün. Für Nachtschattengewächse typische purpurne bis violette, 1–2 cm große glockenförmige Blüten entfalten sich von Mai/Juni bis September. Die Blüten sind selbstfruchtbar und werden von Insekten (Bienen) bestäubt. Ihre scharlachroten Früchte reifen von August bis Oktober. Die Form und Farbe der Früchte erinnern ein wenig an Mini-Chillies oder Mini-Tomaten. Tatsächlich ist Goji als Nachtschattengewächs mit diesen Nutzpflanzen verwandt.

Standort, Verwendung im Garten

Goji-Pflanzen sind sehr anspruchslos bzw. gut anpassungsfähig. Frostperioden von –25 °C werden ertragen, ebenso wie sommerliche Hitzeperioden. Sie kommen auch noch mit trockenen, durchlässigen Böden zurecht. Als Standort der Kulturformen sollte allerdings ein einigermaßen normaler Gartenboden dienen und die Pflanzen sollten im Sommer mäßig feucht gehalten werden. Es werden eher kalkhaltige bis neutrale Böden bevorzugt. Weil die Goji-Pflanze Wurzelausläufer bildet, sollte man sie im Garten mit Vorsicht verwenden, eine Wurzel/Rhizomsperre wäre vorteilhaft. Allerdings ist die Ausläuferbildung bei den Kultursorten wesentlich geringer als bei den Wildformen. Man kann Goji-Pflanzen auch in großen Pflanzkübeln kultivieren, diese muss man entsprechend wässern und von Zeit zu Zeit in frisches Substrat umpflanzen.

Allgemeines

Goji-Beeren werden als Gesundheitsfrucht, Superfood und Lifestylefood bezeichnet.

Wegen der reichen Fruchtbildung und der guten Keimfähigkeit der Samen besteht die Gefahr einer unerwünschten Ausbreitung.

Die Wildform lässt sich durch Samen vermehren. Besser ist es natürlich, nur Sorten zu pflanzen. Diese werden durch Kurzsteckhölzer oder Grünstecklinge vermehrt, Absenker und Ausläufer kann man ebenfalls von bereits etablierten Sträuchern gewinnen. Auch eine Stockteilung ist möglich.

Goji-Sträucher sollte man mit etwa 5–6 Haupttrieben erziehen und bei einer Höhe von 2 m einkürzen. Sie blühen am neuen Trieb. Man sollte die Haupttriebe nicht oder nur geringfügig einkürzen, weil sie an den Spitzen die meisten Beeren hervorbringen. Als Schnittmaßnahmen entfernt man abgetragene vorjährige Triebe vollständig. Ab dem 5. Standjahr entfernt man die ältesten Triebe bodennah und zieht stattdessen je zwei neue Triebe heran.

Goji-Pflanzen sind sehr anfällig für Mehltau. Die Goji-Gallmilbe kann in Kombination mit starkem Mehltaubefall zu einem Problem werden, weil die betroffene Pflanzen dann kaum Blüten entwickelt.

In der chinesischen Provinz Ningxia wird die Goji-Beere zur Fruchtgewinnung in großen Plantagen angebaut. Vereinzelt gibt es auch in Deutschland, Spanien und Frankreich kleinere Goji-Plantagen.

Gesundheitliche Wirkung

Goji-Beeren werden schon seit jeher in der Chinesischen Medizin verwendet. In China werden sie in getrockneter Form als natürliches Multivitamin sehr geschätzt und traditionell gegen Bluthochdruck und Blutzucker, zur Stärkung des Immunsystems, Leber und Nieren sowie zur Verbesserung der Sehkraft eingenommen. Sie sollen auch vorbeugend gegen Herzkrankheiten wirken.

Die Goji-Beere wird sowohl in der TCM als auch in der Phytotherapie der Gruppe der pflanzlichen Adaptogene zugeordnet, welche allgemein die Eigenschaften besitzen, das Immunsystem unspezifisch zu stärken, die Aktivität des zentralen Nervensystems und die Hypothalamus-Hypophysen-Achse zu beeinflussen. Weiters verbessern sie den Zustand nichtspezifischer Resistenz bei Stress und dienen damit dem Schutz vor Erschöpfung und dem Schutz vor den Folgen von Langzeitstress.

In China wird die Goji-Beere als Anti-Aging-Mittel gehandelt, wobei sowohl die Frucht direkt, die so genannte „chinesische Rosine", verwendet wird als auch die essbaren Blätter des Strauches zum Einsatz kommen.

Als Würzmittel wird die Goji-Beere zum Beispiel in einer traditionellen chinesischen Reissuppe und beim Kochen verwendet.

In größeren Mengen können unerwünschte Wechselwirkungen mit Arzneistoffen auftreten.

Es könnte zum Beispiel zu einer Wechselwirkung mit bestimmten blutverdünnenden Medikamenten kommen, wodurch ein erhöhtes Risiko für Blutungen entstehen kann.

Früchte

Goji-Beeren sind etwa 1–2 cm große, längliche bis walzenförmige, glänzend orangerote bis scharlachrote, süßlich schmeckende Früchte. Sorten mit walzenförmigen, orangeroten Früchten schmecken angenehm süß-säuerlich, jene mit rundlicheren scharlachroten, meist etwas kleineren Beeren weisen einen etwas unangenehmen Nachgeschmack auf. Sie enthalten große Mengen an gesundheitsfördernden Inhaltstoffen und Antioxidantien. Da sie neben Bitterstoffen auch andere Wirkstoffe enthalten, die in größeren Mengen als „giftig" eingestuft werden, sollte man Goji-Beeren nicht in größeren Mengen einnehmen.

Die getrockneten Früchte enthalten Kohlenhydrate (42–67 g/100 g), Protein (11–15 g/100 g) und Fett (5–8 g/100 g). Weiters an Mineralstoffen 112 mg Calcium sowie 29 mg Vitamin C und 11 mg Aminosäuren (19 verschiedene). Neben Vitamin C sind noch die Vitamine A, B_1, B_2, B_3, B_5 und E enthalten. Weiters sind noch Carotinoide und Polyphenole erwähnenswert.

Empfehlenswerte Sorten

Für den Hausgarten ist besonders ‘Nr. 1 Lifeberry‘® interessant. Sie fruchtet gut und bringt relativ große Früchte ohne bitteren Nachgeschmack hervor. Diese Sorte wird auch in Plantagenkulturen verwendet. ‘Big Lifeberry‘® und ‘Sweet Lifeberry‘® sind weitere chinesische Selektionen, letztere trägt zahlreiche kleinere, scharlachrote, süß schmeckende Früchte mit leicht pfeffrigem Ton. Es werden noch einige weitere Sorten mit ähnlichen Eigenschaften angeboten. Interessant ist auch die Sorte ‘Amber Sweet Goji‘® mit großen bernsteinfarbenen Früchten. Diese schmecken süß ohne den bitteren Nachgeschmack.

Ernte & Lagerung

Goji-Beeren reifen über einen längeren Zeitraum von Spätsommer bis Herbst und müssen in regelmäßigen Abständen gepflückt werden. Die Beeren sollten nicht überreif sein, um sie bei der Ernte nicht zu beschädigen. Reife Goji-Beeren erntet man am besten per Hand. Sie sind sehr dünnhäutig und platzen leicht auf, deshalb muss man diese Früchte mit besonderem Fingerspitzengefühl ernten. Man kann auch ein Tuch unter den Sträuchern ausbreiten und die Beeren abschütteln und absammeln. Die Beeren sollten möglichst rasch verarbeitet werden, weil sie nicht sehr lange lagerfähig sind.

Getrocknete Beeren sollte man vor direkter Sonne schützen, dann behalten sie je nach Sorte die rote bis gelbe Farbe länger. Wir bevorzugen das Tiefgefrieren, die Früchte schmecken frischer und somit auch aromatischer in Salaten und Reisgerichten.

HINWEIS

Bei getrockneten Goji-Beeren aus Asien, die in großen Plantagen kultiviert werden, wurden häufig hohe Pestizidrückstände festgestellt.

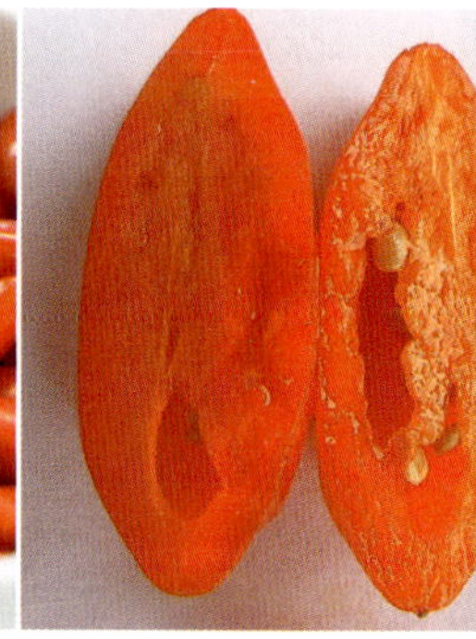

Verarbeitung der Früchte

Goji-Beeren können als Naschobst gegessen werden, die süß schmecken Beeren weisen einen leicht bitteren Nachgeschmack auf.

Unbeschädigte Beeren sind die Voraussetzung für ein qualitativ hochwertiges Endprodukt nach der Verarbeitung. Goji-Beeren werden in erster Linie getrocknet und weiter zu Tee verarbeitet. Hat man diese gesunden Beeren im eigenen Garten, kann man sie nach der Ernte in kleinen Portionen tiefgefrieren und ins Müsli oder in den Salat geben.

Getrocknete Beeren sollten für die weitere Verarbeitung für einige Stunden in Wasser eingeweicht werden.

Rezepte

Mit Goji-Beeren kann man in pikanten Gerichten Akzente setzen. Zum Beispiel in Fleischgerichten oder in Hühnersuppen mitgaren, weiters kann man in Rezepten für Kuchen und Gebäck, in denen Rosinen verwendet werden, einen Teil der Rosinen durch Goji-Beeren ersetzen.

Man kann man sie zu Marmeladen verarbeiten, dabei empfiehlt es sich, die Beeren mit Äpfeln oder Birnen zu mischen. Goji-Beeren können gesunde Smoothies aufwerten und Farbtupfer in Blattsalate oder Kompotte zaubern. Reisgerichte bekommen durch die Zugabe von einigen Esslöffeln Goji-Beeren eine besondere Note.

HECKENKIRSCHE, KAMTSCHATKA-BEERE, HASKAP (*Lonicera caerulea* VAR. *kamtschatica*, GEISSBLATTGEWÄCHSE)

Kleiner, bis 1,5 m hoher Strauch, auch für kalte Gebiete, mit länglich walzenförmigen blauen Früchten, die bereits Anfang Juni reifen und im Geschmack etwas an Kulturheidelbeeren erinnern

Wuchsform: Klein- bis Normalstrauch
Verwendung: Frischverzehr, Verarbeitungsfrüchte

Pflanzenportrait

Der inzwischen allgemein anerkannte, aber noch wenig verwendete Name für *Lonicera kamtschatica* ist **„Haskap"**. Die Namensgebung der Kamtschatka-Heckenkirsche ist sehr verwirrend. Sie wird als Unterart der Blauen Heckenkirsche (*Lonicera caerulea* var. *kamtschatica*), aber auch als eigene Art (*Lonicera kamtschatica*) geführt. Man kennt sie unter folgenden deutschen Bezeichnungen: Sibirische Blaubeere, Kamtschatka-Beere, Blaue Honigbeere, Maibeere® (Häberli), Lenzbeere® (Pötschke).

Sie kommt ursprünglich in Sibirien, Kamtschatka und auf den Kurilen-Inseln bis nach Nordamerika vor.

Kamtschatka-Beeren-Sträucher sind 1–2 m hohe reichverzweigte Sträucher, deren Jungtriebe grün und behaart sind. Unscheinbar und anfangs samtig behaart sind die länglich elliptischen, 4–10 cm großen Blätter. Bereits im April öffnen sich die paarweise angeordneten, etwa 1,6 cm langen, röhrig-glockigen Blüten. Sie sind grünlich gelb und duften leicht. Sie sind selbstunfruchtbar, deshalb benötigt man zwei verschiedene Sorten, damit sie auch fruchten. Die Blüten tolerieren Temperaturen von bis zu –8 °C. Sie werden von (Wild-)Bienen und anderen Insekten bestäubt. Ihre wohlschmeckenden Früchte reifen

bereits zwischen Ende Mai bis Mitte Juni. Die Triebe tolerieren Temperaturen von bis zu –45 °C.

Standort, Verwendung im Garten

Die Kamtschatka-Beere ist bei uns ein noch wenig bekanntes Obst- und Fruchtgehölz für den Garten, welches man wegen ihrer wohlschmeckenden Früchte kultiviert. Wegen der geringen Größe und der geringen Ansprüche eignet sie sich auch für Pflanztröge auf Terrassen. Leichte bis mittelschwere Böden sollten leicht alkalisch, nicht zu trocken und gut mit Nährstoffen versorgt sein. Kamtschatka-Beeren gedeihen am besten in sonniger bis halbschattiger Lage.

Kamtschatka-Beeren passen gut in eine Naschhecke, man sollte zumindest 2–3 Sträucher (unterschiedliche Sorten!) pflanzen.

Allgemeines

Die Kamtschatka-Beere ist bei uns eine relativ neue Beerenobstart.

Sie lässt sich durch Samen vermehren. Sorten werden durch Grünstecklinge vermehrt, Absenker und Ableger kann man ebenfalls von bereits etablierten Sträuchern gewinnen.

Als Schnittmaßnahmen ist ein Auslichten (Herausschneiden der jeweils ältesten Triebe an der Basis) am besten gleich nach der Ernte wichtig. Die Pflanzen verjüngen sich an der Stockbasis, deshalb sollte man die Sträucher leicht anhäufeln (an der Basis der Pflanze etwas Erde aufbringen). Die Pflanzen schließen ihr Wachstum bereits sehr früh ab.

Bislang sind keine nennenswerten Krankheiten bekannt geworden, sehr selten kann Mehltau auftreten. Die Früchte können durch Vogelfraß gefährdet sein.

Die Kamtschatka-Beere wird für pharmazeutische Zwecke auch plantagenmäßig angebaut.

Gesundheitliche Wirkung

Aufgrund des hohen Vitamin-B- und -C-Gehalts werden den Früchten der Kamtschatka-Beere besondere Heilkräfte nachgesagt.

Iridoide sind sekundäre Pflanzenstoffe, die bioaktive Eigenschaften besitzen und unter anderem eine antibakterielle, antivirale sowie entzündungshemmende Wirkung aufweisen. Weiters wird vermutet, dass Iridoide eine schützende Wirkung der Leber haben und sich positiv bei Diabetes- und Tumor-Erkrankungen auswirken.

Die Haskapbeere ist reich an Vitamin C, A und E, Eisen, Magnesium, Phosphor und Calcium. Die intensiv-blaue Farbe geht auf ihren hohen Anthocyangehalt zurück, sie weist einen sehr hohen Gehalt an Antioxidantien auf und ist derzeit von pharmazeutischem Interesse.

Früchte

Kamtschatka-Beeren sind 10–15 mm, bei Fruchtsorten bis 40 mm lang, walzenförmig bis eiförmig, sehen ein bisschen aus wie tropfenförmige längliche Heidelbeeren. Die schwarzblauen Früchte sind hellblau bereift, essbar und wohlschmeckend. Das Fruchtgewicht beträgt je nach Sorte 0,8–1,6 g. Sie reifen Ende Mai bis Mitte Juni. Ein Fruchtertrag von 2–6 kg soll bei ausgewachsenen Sträuchern möglich sein. Ihr angenehmer Geschmack erinnert ein wenig an jenen von Heidelbeeren, er ist mitunter süßlich-herb. Die Früchte mancher Sorten weisen einen leicht bitteren Nachgeschmack auf.

Die Früchte enthalten 6–8 % Zucker, 24 % Fruchtsäuren, 45–120 (–170 mg)/100 g Vitamin C sowie Anthocyane, Flavonoide, Rutin und Iridoide.

Empfehlenswerte Sorten

In den letzten 10–15 Jahren wurden in Russland, Kanada (Universität Saskatchewan) und Polen sowie den Ost-Europäischen Ländern zahlreiche Sorten gezüchtet und getestet. 'Balalaika'®, 'Eisbär'®, 'Kalinka'® sind reichtragende Sorten. Häberli vertreibt die geschützten Maibeeren 'Mailon'®, 'Maitop'® und 'Maistar'®. Als kanadische Sorten aus dem Züchtungsprogramm der Universität Saskatchewan stammen 'Borealis' (= 'Myberry Sweet'), 'Honey Bee' (= 'Myberry Bee') und 'Indigo Gem' (= 'Myberry Farm'). Darüber hinaus gibt es noch zahlreiche weitere Sorten mit wohlschmeckenden Früchten und gutem Fruchtertrag.

Ernte & Lagerung

Sibirische Blaubeeren sind als erstes Obst bereits Ende Mai reif und deshalb im Naschgarten auch entsprechend begehrt. Die Früchte sind im Strauch zwischen den Blättern versteckt, sodass man die blauen Beeren erst beim genaueren Hinsehen entdeckt. Da die Beeren nicht alle gleichzeitig reifen, muss man regelmäßig ernten. Überreife Beeren fallen leicht ab.

Nach dem Blaufärben der Früchte benötigen sie noch etwa eine Woche, bis die Genussreife erreicht ist. Reife Früchte können bis zu 12 Tagen im Kühlschrank gelagert werden. Man kann die Beeren für die spätere Verwendung auch tiefgefrieren.

Verarbeitung der Früchte

Sibirische Blaubeeren sind sehr gut zum Frischverzehr geeignet, weitere Verarbeitungsmöglichkeiten sind ähnlich der Heidelbeere. Die Beeren sind stark färbend!

Rezepte

Sibirische Blaubeeren können zu Marmelade, Mischmarmelade, Gelee, Likör u. a. verarbeitet werden.

SIBIRISCHE BLAUBEEREN-MARMELADE

Zarter Geschmack!

1.000 g Sibirische Blaubeeren
500 g Gelierzucker 2:1

Die Beeren waschen und verlesen. Mit etwas Wasser in einen Topf geben, Gelierzucker dazugeben und gut vermischen. Wir lassen die Fruchtmasse 1–2 Stunden ziehen, damit sich Flüssigkeit bilden kann. Langsam erhitzen und unter oftmaligem Rühren zum Kochen bringen. 3–4 Minuten kochen, dann sofort in saubere Gläser füllen und gut verschließen.

PRAXISTIPP

Sibirische Blaubeeren gelieren sehr gut! Wer alternativ mit Apfelpektin einkocht, dieses vorsichtig dosieren!

WEIHNACHTSKUCHEN

Sehr fruchtig! Enthält Alkohol!
Sibirische Blaubeeren, welche bei der Likörzubereitung übrigbleiben, kann man in diesem Früchtebrot gut verwerten.

- 600 g Sibirische Blaubeeren (Ansatzfrüchte)
- 150 g Rohrzucker
- 100 g Walnüsse
- 50 g Haselnüsse, gerieben
- 150 g Cranberries, gedörrt
- 150 g Datteln
- 100 g Rosinen
- 2 EL Lebkuchengewürz
- 1 TL Zimt, gemahlen
- 260 g Mehl
- 1 Pkg. Weinsteinbackpulver

Walnüsse grob hacken, Datteln entkernen und klein schneiden. Sibirische Blaubeeren mit Rohrzucker, Lebkuchengewürz, Zimt, Walnüssen, Haselnüssen, Cranberries, Datteln und Rosinen in einer Schüssel gut vermischen. Zugedeckt über Nacht kühl stellen, damit die Masse gut durchziehen kann.

Nach etwa 12 Stunden das Mehl mit Backpulver gut vermischen und unter die Früchtemasse heben. Den Teig in eine befettete und bemehlte Kastenform füllen.

Im vorgeheizten Backofen bei Umluft 160 °C/ 60 Minuten, bei Ober- und Unterhitze 180 °C/ 60 Minuten backen.

PRAXISTIPP

Weihnachtskuchen vor dem ersten Anschnitt vollständig auskühlen lassen! Für Kinder ungeeignet, weil alkoholhältig!

SIBIRISCHER BLAUBEEREN-LIKÖR

Schöne Farbe!

- 500 g Sibirische Blaubeeren
- 200 g Rohrzucker
- 1 l Wodka
- Evtl. Zimt, Gewürznelken oder Vanilleschote

Für den Likör die Sibirischen Blaubeeren verlesen, waschen und gut abtropfen lassen. Die Beeren mit dem Zucker in ein geeignetes, verschließbares Glas geben und mit Wodka übergießen. Nach Geschmack mit ½ Vanilleschote oder mit ½ Zimtstange und 3 Gewürznelken aromatisieren.

Dann das Glas gut verschließen und an einen warmen dunklen Ort stellen. Hin und wieder schwenken, damit sich der Zucker löst. Nach 8 Wochen die Beeren abseihen, den Likör filtrieren. Das gelingt gut mit einem Papier-Kaffeefilter oder mit einem feinen Baumwolltuch.

Wir bevorzugen den Geschmack der Sibirischen Blaubeeren ohne zusätzliche Aromastoffe.

PRAXISTIPP

Statt Wodka kann man auch Korn, 40 Vol.-% verwenden oder mit anderen Destillaten ohne starken Eigengeschmack experimentieren.

PRAXISTIPP

Probieren Sie ihr Lieblings-Topfenstrudelrezept anstatt mit Rosinen mit Sibirischen Blaubeeren (Haskap)!

HOLUNDER, SCHWARZER (*Sambucus nigra*, MOSCHUSGEWÄCHSE)

Mehrstämmiger Großstrauch mit stark duftenden Blüten und schwarzen, stark färbenden Früchten, roh ungenießbar, verarbeitet traditionelles Lebens- und Hausmittel

Wuchsform: Großstrauch bis Kleinbaum
Verwendung: Verarbeitungsfrüchte

Pflanzenportrait

Der Schwarze Holunder wird auch als Holunderbusch, in manchen Regionen auch als „Flieder" bezeichnet. Er ist von Europa bis West-Asien und Nordafrika verbreitet und wächst vom Tiefland bis in Höhenlagen von 1.500 m. Meist wächst er strauchförmig, er kann aber auch einen Stamm ausbilden und als Baum bis 7 m hoch werden.

Die gefiederten Blätter werden 10–30 cm lang und verbreiten beim Zerreiben einen etwas unangenehmen Geruch. Recht auffällig sind die mit großen Lentizellen besetzten Triebe, ihr Markanteil ist sehr hoch. Relativ spät, erst gegen Ende Mai bis Juni blüht der Holunder. Seine kleinen gelblich weißen, intensiv duftenden Blüten sind zu endständigen, 10–20 (–30) cm großen, flachen Schirmrispen zusammengefasst. Die Bestäubung der selbstfruchtbaren Blüten erfolgt vorwiegend durch Fliegen und Hautflügler. Die schwarzen Früchte reifen ab Mitte August bis September.

Standort, Verwendung im Garten

Als alte Kulturpflanze wird der Holunder bereits seit Jahrhunderten in Bauerngärten als Heil- und Nutzpflanze kultiviert. Er kann als schöner Solitärstrauch oder -baum dienen, in freiwachsenden Hecken eingeplant werden oder als Sichtschutz dienen. Er ist ein perfekter Strauch für den Naturgarten. Der Holunder ist anspruchslos, robust und frosthart.

Auch in halbschattigen Situationen im Garten leistet er gute Dienste. Wenn man auf einen guten Fruchtertrag Wert legt, dann sollte der Standort jedoch mäßig frisch, stickstoff- und humusreich sein und der Sommer nicht allzu trocken und heiß sein.

Allgemeines

Funde aus Pfahlbaudörfern belegen, dass der Holunder bereits seit Jahrtausenden genutzt wurde. In der Stein- und Bronzezeit nutzten deren Bewohner die Früchte zum Färben und zur Bereitung von Fruchtmus.

Heute noch sind zahlreiche Ortschaften (z. B. Hollabrunn, Niederösterreich), Flurnamen und Hofnamen nach dem Holler benannt.

Dem Holunder sind einige Sprichwörter gewidmet, die seine Wichtigkeit in der Volksheilkunde andeuten: „Vor dem Holunder muss man den Hut ziehen." Interessant ist die Tatsache, dass die Blüten zwar reichlich Pollen, aber kaum Nektar produzieren.

Die Früchte sind in rohem Zustand ungenießbar. Alle Pflanzenteile können Allergene enthalten.

Die Vermehrung lässt sich einfach durch Steckhölzer, Abrisse oder Grünstecklinge vermehren.

Leider ist der Holunder anfällig für Blattläuse, was sich durch verdrehte oder verkrüppelte Triebe bemerkbar macht. Gallmilben, Doldenwelke und Stiellähme sowie Botrytis können auftreten. Der Holunder scheint eine Lieblingspflanze von Wühlmäusen zu sein, sie können große Schäden anrichten. Der Holunder dient Vögeln als Nahrungsquelle und Nistgelegenheit, darüber hinaus bietet er einer großen Anzahl von Schmetterlingen und Insekten Futter.

Der Schwarze Holunder wird auch in größerem Ausmaß in Plantagen kultiviert.

Gesundheitliche Wirkung

Holunder wurde in erster Linie immer als Medizin eingesetzt. Getrocknete und frisch geerntete Früchte sowie der Saft frischer Früchte werden in der Volksmedizin bei verschiedenen Problemen empfohlen. Unter anderem sollen sie bei Verstopfung helfen, schweißtreibend sein und als harnausscheidende Medizin verwendet werden.

Bei Zahnschmerzen, Ischias, Kopfschmerzen und Entzündungen des Gesichtsnervs soll der Verzehr von getrockneten Beeren Linderung bringen.

Auch aus den Blüten, der Rinde und den Blättern wurden früher verschiedene Heilmittel hergestellt.

Holunderblüten werden traditionell getrocknet in Form von Teezubereitung als schweißtreibendes Heilmittel bei Grippe und bei Erkältungskrankheiten angewendet.

Früchte

Im rohen Zustand sind die Früchte leicht giftig! Holunderbeeren sind 5–7 mm große kugelige, schwarz glänzende, beerenartige Steinfrüchte. Sie enthalten einen stark färbenden Saft von tiefroter Farbe, der vielfach als Lebensmittelfarbstoff eingesetzt wird. Aufgrund des Gewichtes der Früchte ist der reife Fruchtstand überhängend. Bei Wildvorkommen reifen die Beeren nicht ganz einheitlich, bei Fruchtsorten jedoch gleichmäßig. Holunderbeeren reifen je nach Höhenlage zwischen Mitte August und Mitte September.

Holunderbeeren sind überaus reich an wertvollen Inhaltstoffen. Der Fruchtzuckergehalt liegt bei 14 % der Frischsubstanz, weiters sind 20–40 mg/100 g Vitamin C sowie Provitamine (A_1, B_1, B_2) enthalten. Unter den Fruchtsäuren sind vor allem Apfel- und Weinsäure (2,8 %) zu erwähnen, ebenso 6–10 g/l Presssaft Mineralstoffe (Calcium, Phosphor, Kalium). Die Samen enthalten das giftige Glycosid „Sambunigrin“. Dieses kann Brechreiz und Verdauungsstörungen hervorrufen, wenn man die Früchte roh verzehrt.

Empfehlenswerte Sorten

'Haschberg' ist bei uns die bekannteste und am weitesten verbreitete Fruchtsorte des Holunders. Es ist eine Sorte, die sich zur Stammerziehung eignet, sie bringt Anfang September sehr große Dolden mit kleinen blauschwarzen Früchten hervor. Ein regelmäßiger Ertrag und ein hoher Farbstoffgehalt sind bei Verwendung dieser Sorte gewährleistet. Weitere interessante Sorten sind noch 'Donau', 'Erfurt', 'Haidegg', 'Mammut' und 'Sampo'. Der Weiße Holunder mit der Sorte 'Goldbeere' und sowie *Sambucus nigra* var. *alba* bringen große hellgelb-grüne Früchte in großen Traubendolden hervor, deren Saft hell gefärbt ist.

Die Zierform BLACK BEAUTY (= Sorte 'Gerda'®) zeichnet sich durch ihre dunkelrote Belaubung und den großen rosa Blütenständen aus. Daraus lässt sich ein roter Holundersaft herstellen. Das gilt auch für BLACK LACE (= Sorte 'Eva'®), die sich von vorhergehender durch die tief eingeschlitzten Blätter unterscheidet. Es gibt noch eine Reihe weiterer interessanter Holunder-Sorten.

Ernte & Lagerung

Erntet man Ende Mai bis Juni die Blüten des Holunders, um Saft oder Sekt herzustellen, sollte man dies an einem trockenen sonnigen Tag machen. Dabei sehr vorsichtig vorgehen, damit der Blütenstaub an den Blüten haften bleibt.

Die Fruchtstände des Holunders schneidet man mit einer Baumschere von den Zweigen, das Abrebeln der einzelnen Früchte erfolgt anschließend per Hand. Wenn die Erntezeit der Holunderbeeren im September/Oktober naht, sollte man die Beeren genau beobachten. Erntereif sind die Beeren des Schwarzen Holunders, wenn an den Dolden alle Beeren schwarz gefärbt sind. Sind noch rötlich gefärbte Beeren darunter, sind diese auszulesen, weil unreife Holunderbeeren giftig sind. Die reifen Beeren sind für den Rohgenuss ungeeignet, erst durch Erhitzen wird das giftige Sambunigrin zersetzt.

Holunderbeeren lassen sich gut tiefkühlen, indem man die Beeren vorher von den Stängeln zupft. Hat man um die Ernte wenig Zeit zur Verfügung, können auch ganze Dolden tiefgekühlt werden. Gefroren lösen sich die Beeren noch leichter von den Stängeln. Aus getrockneten Holunderbeeren kann man Tee zubereiten.

Verarbeitung der Früchte

Holunderbeeren vor der Verarbeitung genau verlesen. Der Saft ist ein ideales biologisches Färbemittel für Lebensmittel.

Holunderbeeren-Saft kann man ganz einfach im Dampfentsafter gewinnen. Dazu die Beeren waschen, verlesen, den dicken Stiel an den Dolden entfernen, die dünnen Beeren-Stiele kann man bedenkenlos in den Dampfentsafter geben. Möchte man den Saft mit Äpfeln mischen, kann man die Apfelstücke gleich mit entsaften und spart sich so Arbeitsschritte. Durch das Erhitzen im Dampfentsafter ist der Saft ausreichend erhitzt, um die Giftstoffe abzubauen. Beim Dörren der Beeren ist eine Temperatur von 60–70 °C notwendig.

Aus den rosa Blüten der schwarzblättrigen Holundersorten (z. B. Black Beauty) kann man Holunder-Sirup und -Sekt in schöner intensiv-rosa Farbe herstellen.

Rezepte

Holunder ist sehr vielseitig: Aus den Blütendolden kann man Holunder-Sirup, Holunder-Sekt und frittierte Holunderblüten zubereiten. Aus den Beeren lassen sich Saft, Mischsaft, Gelee, Marmelade, Wein, Likör, Bonbons und vieles mehr herstellen.

HOLUNDERBLÜTEN IM BACKTEIG

Kindheitserinnerungen an die Oma

20 Holunderblüten-Dolden
300 ml Öl zum Backen
Staubzucker/Puderzucker zum Bestreuen

Für den Backteig

200 g Mehl, glatt
230 ml Mineralwasser
2 Eidotter/Eigelb
2 Eiklar/Eiweiß
40 g Butter, zerlassen
je 1 Prise Salz und Zucker

Holunderblüten (ohne Insekten) sauber schütteln und nicht waschen, denn dadurch würde Aroma verlorengehen. Die Butter zerlassen. Mehl, Mineralwasser, Eidotter, flüssige Butter und Salz mit dem Handrührgerät zu einem dickflüssigen Teig verarbeiten. Eiklar steif schlagen und mit dem Schneebesen unter den Teig heben. Anschließend das Öl in einer Pfanne erhitzen. Die Blüten am Stiel haltend durch den Backteig ziehen und schwimmend im heißen Öl ausbacken. Auf Küchenkrepp legen, abtupfen. Mit Zucker oder Zimtzucker bestreuen und sofort servieren.

PRAXISTIPP

Statt Mineralwasser kann auch Weißwein oder Bier verwendet werden, vorausgesetzt Kinder essen nicht mit.

HOLUNDER-LIKÖR

Kräftige Farbe, milder Likör

- 500 ml Holundersaft, dampfentsaftet
- 500 ml Korn, 32 Vol.-%
- 1 Bio-Zitrone
- ½ Vanilleschote

Für die Zuckerlösung

- 200 g Zucker
- 500 ml Wasser

Vollreife Holunderbeeren waschen, verlesen und im Dampfentsafter entsaften. Wer keinen Dampfentsafter zur Verfügung hat, kann die Holunderbeeren nach dem Waschen und Verlesen von den Stängeln zupfen und in einem Topf mit ca. 150 ml Wasser langsam erhitzen, bis die Beeren platzen. Zugedeckt noch etwa 30 Minuten weiterköcheln lassen. Anschließend alles in ein feinmaschiges Sieb oder ein Tuch geben, abseihen und den gewonnenen Saft abkühlen lassen. 500 ml davon abmessen und mit dem Korn in ein geeignetes verschließbares Glas geben. Die Bio-Zitrone waschen, in Scheiben schneiden und ins Glas dazugeben. Die Vanilleschote längs aufschlitzen, das Vanillemark herauskratzen und ebenfalls ins Glas geben.

Das verschlossene Glas an einen warmen Ort stellen. Nach vier Wochen den Ansatz abseihen. Nun eine Zuckerlösung herstellen. Dabei Wasser und Zucker in einem Topf aufkochen, 10 Minuten kochen und anschließend abkühlen. Ansatzlösung und Zuckerlösung in einem Glas oder einer Flasche gut vermischen, damit ist der Likör trinkfertig!

PRAXISTIPP

Die schwarzen Beeren sind stark färbend, deshalb immer mit geeigneter Unterlage, Kleiderschutz und 1x-Handschuhen arbeiten.

HOLUNDERBLÜTEN-SIRUP

Erfrischender Geschmack

- 2 l Wasser
- 2,5 kg Zucker
- 75 g Zitronensäure
- 40–50 Holunderblüten
- 2 Zitronen

Holunderblüten nicht waschen, nur vorsichtig schütteln und gut verlesen.

Die Blütendolden mit Wasser, Zucker, Zitronensäure und in Scheiben geschnittenen Zitronen in ein geeignetes sauberes Gefäß aus Glas oder Emaile geben, dabei auf Kunststoffgefäße eher verzichten.

Diesen Ansatz lässt man zwei Tage an einem warmen, sehr sonnigen Platz stehen, evtl. umrühren, damit sich der Zucker besser löst. Nach zwei Tagen den Sirup abseihen, in saubere Flaschen füllen und gut verschließen. Kühl und dunkel gelagert, ist der Saft bis zur nächsten Ernte haltbar.

PRAXISTIPP

Die Zubereitung ist einfacher mit Sirupzucker für Blüten und Kräuter, weil darin eine ausgewogene Mischung aus Zucker und Zitronensäure enthalten ist.

HOLUNDER-ZWETSCHKEN-MARMELADE

So schmeckt der Herbst

600 g Zwetschken, entsteint
500 g Holunderbeeren, entstielt
500 g Gelierzucker 2:1
Saft einer Zitrone

Zwetschken in kleine Stücke schneiden, mit Zitronensaft und Gelierzucker in einen Topf geben. Holunderbeeren waschen, verlesen und in einem separaten Topf mit 10 EL Wasser zugedeckt langsam erhitzen, bis die Beeren platzen. Mit einem Passiergerät (Flotte Lotte) die Beeren durchpassieren, dabei von den Kernen befreien.

Das Holunder-Fruchtmus zu den Zwetschken geben, gut vermischen und langsam aufkochen, dabei öfter umrühren. 3–4 Minuten kochen lassen, dann in vorbereitete saubere Gläser abfüllen und gut verschließen.

INDIANERBANANE, PAWPAW (*Asimina triloba*, SAUERSACKGEWÄCHSE)

Kleiner Baum von tropischem Aussehen, leuchtendgelber Herbstfärbung und dem Aussehen nach mangoähnlichen, exotisch schmeckenden Früchten für den Frischverzehr

Wuchsform: Kleinbaum
Verwendung: Frischverzehr, Verarbeitungsfrüchte

Pflanzenportrait

Die Indianerbanane oder PawPaw ist ein Fruchtbaum, dessen Heimat das südöstliche Nordamerika ist. Der nächste Verwandte ist die in den Subtropen kultivierte Cherimoya (*Annona cherimoya*). Interessanterweise ist die Indianerbanane der einzige bei uns winterharte Vertreter einer ansonsten nur in den Tropen und Subtropen heimischen Familie.

Indianerbananen wachsen baumförmig und können Wuchshöhen zwischen 4 und 6 (–8) m erreichen. Sie entwickeln regelmäßige, eher schmal pyramidale Kronen aus. Seltener kann man strauchförmige Exemplare antreffen, allerdings neigen auch Bäume dazu, vereinzelt Wurzelausläufer zu bilden. Sehr dekorativ präsentieren sich ihre 15–25 cm großen wechselständig angeordneten Blätter, sie sind im Herbst leuchtendgelb gefärbt. Aufgrund dieser Merkmale ist man versucht, die Pflanze als tropisches Gewächs einzustufen.

Der Austrieb erfolgt erst sehr spät nach der Blüte im Mai. Die Blüten selbst sitzen in den Blattachseln und entwickeln sich bereits im Herbst des Vorjahres im äußeren Drittel der Triebe. 3–4 (–5) cm große, rot- bis kastanienbraune glockige Blüten öffnen sich ab April bis Mai. Sie riechen unangenehm und werden nicht von Bienen, sondern von Fliegen, Käfern und dem Wild bestäubt. Die Blüten sind zwittrig, aber selbststeril. Sie müssen von Blüten einer anderen Sorte bestäubt werden. Man kann sie auch per Hand mit einem Pinsel bestäuben. Ausnahmen sind die Sorten 'Overleese', 'Sunflower' und 'Prima', sie benötigen keine Befruchter.

Aus einer einzelnen Blüte entwickeln sich Fruchtverbände (Cluster) mit jeweils mehreren Früchten. Die Früchte reifen sukzessive über einen Zeitraum von 3–4 Wochen von Mitte September bis Mitte Oktober.

Standort, Verwendung im Garten

Indianerbananen sind sowohl als Obstbaum mit besonderen Früchten als auch als Zierbaum mit schönem Habitus und attraktiver Herbstfärbung für den Garten interessant. Sie bevorzugen mäßig feuchte, nährstoffreiche, leicht saure Böden, tolerieren aber auch kalkhaltige Böden (pH 7–7,4). Staunässe wird nicht, Trockenheit im Sommer wird schlecht vertragen. Optimal sind Standorte mit Weinbauklima, damit die Früchte gut ausreifen können. Die Pflanzen sind aber bis –25 °C winterhart.

Schnittmaßnahmen sind nicht nötig. Allerdings empfiehlt es sich, regelmäßig einzelne Triebe kräftig einzukürzen, damit neues Triebwachstum angeregt wird und die Bäume im Alter nicht zu breit werden.

Allgemeines

Dem Aussehen nach könnte man die Früchte der Indianerbananen am ehesten mit Mangos vergleichen (sie sind mit diesen aber nicht verwandt!).

Indianerbananen lassen sich zwar aus Samen vermehren, aber die so entstandenen Nachkommen bringen möglicherweise kleine Früchte oder solche mit unangenehmem Nachgeschmack hervor. Man sollte ausschließlich veredelte Sorten pflanzen.

Die meisten Menschen mögen Indianerbananen. Vereinzelt gibt es aber auch Menschen, die Indianerbananen nicht mögen bzw. mit einer Unverträglichkeit auf den Genuss von Indianerbanen reagieren.

Krankheiten sind bisher nicht aufgetreten. Blüten werden gelegentlich von Rosenkäfern abgefressen. Zweige und Blätter enthalten insektizide Wirkstoffe.

In Albany, Ohio, wird alljährlich ein großes PawPaw-Festival mit Prämierungen und Früchte-Wettessen etc. veranstaltet. Es werden auch PawPaw-Parties gefeiert und in Virginia heißt sogar ein Ort „PawPaw“. Auch ein PawPaw-Bier wird aus den Früchten hergestellt.

Gesundheitliche Wirkung

Junge Triebe und Blätter enthalten Acetogenine, das sind insektenabweisende Substanzen (Repellent). Zerdrückt man die Blätter und reibt damit die Haut ein, dann halten sich lästige Insekten und Moskitos fern. Man hat daraus ein Shampoo gegen Kopfläuse sowie ein natürliches Mittel gegen Schadinsekten hergestellt.

Die Indianerbanane ist mittlerweile auch auf Grund ihres hohen Anteils bioaktiver Inhaltstoffe, über 50 sind bisher beschrieben, von medizinischem Interesse.

Es laufen auch Untersuchungen, ob diese Stoffe sogar eine krebshemmende Wirkung aufweisen.

Früchte

Die Früchte der Indianerbananen sind etwa 10–15 cm lang und etwa 6–10 cm dick. Es sind ovale bis wurstförmige, grünliche Beerenfrüchte mit großen braunen Samen. Sie wiegen durchschnittlich ca. 200–250 g, einzelne Früchte können aber ein Gewicht von 500 g und mehr erreichen.

Das weißliche bis cremefarbene, zur Reife weiche Fruchtfleisch wird von einer dünnen Fruchtschale umschlossen. Die Konsistenz des Fruchtfleisches könnte man mit jener einer cremigen Banane vergleichen, sie ist aber mit der Banane nicht verwandt. Ihr Geschmack erinnert an einen Cocktail tropischer Früchte aus Bananen, Mango, Ananas und Vanille.

Die Früchte reifen von Mitte September bis Oktober. Beachten Sie: Die Früchte sind im unreifen Zustand ungenießbar, und wenn sie überreif sind, schmecken sie nicht mehr gut.

Die jungen Bäume benötigen meist 3–4 Jahre, bis sie das erste Mal blühen, und nach weiteren 1–2 Jahren setzen sie erstmals Früchte an. Nach ca. 10 Standjahren kann man mit einem Fruchtertrag zwischen 12 und 20 kg pro Baum rechnen.

PawPaw-Früchte enthalten ähnliche Inhaltstoffe wie die Bananen. Wegen des hohen Kohlenhydrat- bzw. Zuckergehaltes von 19 % und 80 Kcal pro 100 g Fruchtfleisch besitzen sie einen sehr hohen Nährwert. Weiters sind 1,2 % Protein, 1,2 % Fett und 8,3 mg/100 g Vitamin C enthalten. Der Mineralstoff- und Aminosäuregehalt der Indianerbanane ist vergleichsweise höher als jener von Äpfeln, Orangen und Bananen.

Die Früchte reifen – je nach Standort – von Mitte September bis spät in den Oktober hinein über ei-

nen Zeitraum von 2–3 Wochen. Je nach Witterungsverlauf kann sich die Fruchtreife um 1–2 Wochen verschieben.

Empfehlenswerte Sorten

Inzwischen werden zahlreiche Sorten in Baumschulen angeboten. Man benötigt jeweils zwei verschiedene Sorten, damit sie fruchten. 'Prima' hingegen ist eine selbstfruchtbare Sorte mit schmackhaften Früchten, die bereits Mitte September reifen. 'Sunflower' ist die zweite selbstfruchtbare Sorte, ihre Früchte reifen im Oktober. Auch 'Overleese' wird als (zumindest teilweise) selbstfruchtbare Sorte gehandelt, ihre Reifezeit liegt zwischen 'Prima' und 'Sunflower'. Inzwischen werden auch die neuen Petersen-Sorten angeboten.

Ernte & Lagerung

Indianerbanen-Früchte bleiben lange hart und fest, sie reifen dann aber innerhalb von 2–3 Tagen. Während der Reifeperiode sollte man sie täglich kontrollieren, indem man sie vorsichtig mit den Fingern drückt (wie einen Pfirsich) und so feststellen kann, ob sie weich werden. Sie sind reif, wenn sich die Fruchtschale leicht eindrücken lässt und sich die Früchte ganz leicht von den Zweigen lösen. Aber Vorsicht: Diese Druckstellen verfärben sich nach einiger Zeit bräunlich, was unschön aussieht, aber keine Geschmacksminderung darstellt. Die Früchte verbreiten während der Vollreife einen angenehm süßen, exotisch-tropischen Duft.

Die Ernte erfolgt am besten, indem man die Früchte per Hand pflückt und diese dann in einfacher Lage in Kisten oder Körbe legt, damit keine Druckstellen entstehen (die Fruchtschale ist sehr druckempfindlich!). Man kann auch eine dicke Lage frischen Strohs unter den Bäumen ausbringen, damit herunterfallende Früchte nicht beschädigt werden.

Reife Früchte kann man noch 1 bis maximal 2 Tage bei Zimmertemperatur lagern, spätesten dann müssen sie verspeist oder verarbeitet werden. Lässt man sie länger bei Zimmertemperatur liegen, dann verfärbt sich die Schale, das Fruchtfleisch wird sehr weich und ein leicht bitterer Karamel- bis Kaffee-Geschmack stellt sich ein. Sie schmecken dann nicht mehr gut.

Reife Früchte kann man auch für einige Tage bis etwa 2 Wochen frisch halten, wenn man sie sogleich nach der Ernte in den Kühlschrank gibt.

Erntet man Indianerbanen zu früh, sind die Früchte ungenießbar! Unreife Früchte schmecken unangenehm. Das größere Problem dabei ist aber, dass man wenige Stunden danach heftige Verdauungsprobleme bekommt und sich Übelkeit anbahnt. Man beachte, dass zu früh geerntete, unreife Früchte auch nicht nachreifen!

HINWEIS

Die Früchte entwickeln sich in Fruchtverbänden (so genannten „Cluster"), die aus 2 bis 5 oder mehr Einzelfrüchten bestehen. Bei mehr als 2 (max. 3) Früchten sind die Einzelfrüchte aber eher klein und enthalten verhältnismäßig wenig Fruchtfleisch. Deshalb ist es empfehlenswert, pro Fruchtstand nicht mehr als 2 (bis max. 3) Früchte zu belassen, die sich dann prächtig entwickeln können. Die restlichen Früchte sollte man bereits im Jugendstadium ausbrechen.

Verarbeitung der Früchte

Ein Hinweis zu getrockneten Indianerbananen: Für die meisten Menschen ist die Indianerbanane einfach eine außergewöhnliche, exotisch schmeckende Frucht. Manche Menschen scheinen auf Indianerbananen allergisch zu reagieren, beim Verzehr von getrockneten Indianerbananen können Magenverstimmungen auftreten. Deshalb möchten wir davon abraten, getrocknete Indianerbananen anzubieten.

Indianerbananen kann man in nahezu allen Rezepten statt Bananen verwenden. Der einzigartige Geschmack der frischen, reifen Früchte verändert sich durch jede Form der Bearbeitung etwas, sei es tiefgefrieren oder erhitzen.

Wenn die Ernte sehr gut ausfällt und man zu viele Indianerbananen hat, kann man sie sehr gut tiefgefrieren. Wir frieren stets nur das Fruchtmus ohne Kerne und Schale in Tiefkühlbeutel ein. Die Früchte werden dazu längs oder quer mit einem Messer durchgeschnitten. Mit einem Teelöffel löffelt man das Fruchtfleisch heraus, die Kerne und die Schalen werden weggegeben. Bei einigen Sorten haben wir den „Verdacht“, dass das Häutchen, das jeden Samen umgibt, leicht bitter schmeckt. Deshalb erst probieren und im Zweifelsfall nicht mitverarbeiten.

Wenn man die Früchte nicht gleich verspeisen oder verarbeiten kann, dann kann man sie im Ganzen tiefgefrieren. Nehmen Sie die tiefgefrorenen Früchte aus dem Gefrierschrank und warten Sie 20–30 Minuten. Schälen Sie dann die Früchte (wie eine Kartoffel). Drücken Sie die Früchte leicht, bis das Fruchtfleisch die Samen freigibt. Diese sollten sich leicht und sauber vom Fruchtfleisch lösen. Das so gewonnene Fruchtfleisch (Pulp) frieren sie wieder in gewünschten Portionen ein. Aufgetautes Fruchtfleisch sollte rasch weiterverarbeitet oder verspeist werden.

Das Fruchtfleisch färbt sich erst nach längerem Kontakt mit Sauerstoff an der Oberfläche leicht bräunlich, man hat also keine Eile und kann in Ruhe alles verarbeiten.

Die getrockneten Kerne der Indianerbanen können gut für Bastelarbeiten verwendet werden. Bisher konnten wir auch nach Jahren keinen Schädlingsbefall feststellen.

Rezepte

Die Indianerbanane ist eine regionale kulinarische Delikatesse, die noch viel Potential hat. Wir verarbeiten die Indianerbananen zu Marmeladen, Fruchtleder, Chutneys und vielem mehr.

INDIANERBANANEN-MILCHSHAKE

1 Indianerbanane
500 ml kalte Milch
2 EL Zitronensaft
2 EL Zucker

Indianerbananen von Schale und Kernen befreien. Das Fruchtmus mit Milch, Zucker und Zitronensaft in einen Mixer geben und bis zur gewünschten Konsistenz mixen. Nach Belieben kann der Zucker auch ganz weggelassen werden.

PRAXISTIPP

Die schönen Kerne der Indianerbananen waschen, trocknen lassen, in ein Glas füllen und obendrauf ein Teelicht stellen, um das Glas herum eine hübsche Schleife aus Naturmaterialien binden und fertig ist eine originelle Tischdeko.

Liebe Leserin, lieber Leser,

herzlichen Dank für Ihr Interesse an unseren Büchern! Der Leopold Stocker Verlag ist ein unabhängiges Familienunternehmen, deshalb ist uns der Kontakt mit unseren Kunden besonders wichtig. Wir senden Ihnen in Zukunft gerne Informationen über unsere Neuerscheinungen zu und bitten Sie, uns Ihre Fragen, Wünsche und Anregungen mitzuteilen!

Mit herzlichen Grüßen

Mag. Wolfgang Dvorak-Stocker

Diese Karte entnahm ich dem Buch: ______________________

Fragen/Anregungen/Kommentare und Kritik zu diesem Buch oder unserem Programm:

____

____

____

Leopold Stocker Verlag GmbH, Hofgasse 5, 8010 Graz, Österreich
Tel.: +43/316/82 16 36, Fax: +43/316/83 56 12, E-Mail: stocker-verlag@stocker-verlag.com

Besuchen Sie uns auch im Internet: www.stocker-verlag.com

Name

Straße

PLZ Ort

Telefon

E-Mail

☐ (Pflichtfeld) Ich bestätige, dass ich das 16. Lebensjahr vollendet habe und erteile meine ausdrückliche Zustimmung, dass die von mir oben angegeben Daten durch die Leopold Stocker Verlag GmbH zum Zweck der Vertragserfüllung und Leistungserbringung verarbeitet und an Auftragsverarbeiter weitergegeben werden, UND dass

☐ die angegeben Daten durch die Leopold Stocker Verlag GmbH zum Zweck des Newsletterversands verarbeitet, an Auftragsverarbeiter weitergegeben werden und ich werbliche Informationen und Angebote via Post, E-Mail, Telefon erhalte.

Ich kann meine Zustimmung jederzeit widerrufen. Dafür wende ich mich an die Leopold Stocker Verlag GmbH (Hofgasse 5, A-8010 Graz; Tel: 0043316/821636; E-Mail: datenschutz@stocker-verlag.com). Alle Infos: www.stocker-verlag.com/datenschutz.

Datum__________ Unterschrift ____________________

Bitte frankieren!

ANTWORTSENDUNG

Leopold Stocker Verlag

Postfach 438
Hofgasse 5
8011 Graz

INDIANERBANANEN-MARMELADE

Fruchtig exotisch

1.000 g Indianerbananen
200 g Zitronenquitten
500 g Feinkristallzucker

Die Zitronenquitten waschen, vierteln und vom Kerngehäuse befreien. Die Fruchtstücke in wenig Wasser ca. 10–15 Minuten weich dünsten, anschließend passieren. Die Indianerbananen mittig aufschneiden, mit einem Löffel das Fruchtfleisch entnehmen, dabei die Kerne und die Schale verwerfen. Das Zitronenquitten-Mus und das Indianerbananen-Fruchtfleisch in einem großen (evtl. beschichteten) Topf mit dem Zucker gut verrühren und unter ständigem Rühren langsam zum Kochen bringen. Vorsicht: Brennt sehr leicht an und blubbert und spritzt!

Nach Belieben mit dem Mixstab die Fruchtmasse weiter zerkleinern. Wir mögen es lieber, wenn noch Fruchtstückchen dabei sind. Anschließend sehr heiß in vorbereitete saubere Gläser füllen und gut verschließen.

PRAXISTIPP

Indianerbananenmarmelade kann man gut ohne Pektin zubereiten, da die Indianerbanane von sämiger Konsistenz ist und die Zitronenquitte sehr gut geliert. Mischt man die Indianerbanane beispielsweise mit Birnenmus, wird man Gelierzucker 2:1 verwenden müssen, da die Konsistenz der Marmelade zu weich wird. Indianerbananen sind sehr süß, daher den Zucker eher sparsam dosieren.

INDIANERBANANEN-CREME

2 optimal reife Indianerbananen
50 g Mascarpone
Saft einer halben Zitrone
Honig nach Belieben

PRAXISTIPP

Wir verzichten bei diesem Dessert auf Zucker. Wer es etwas süßer mag, kann Honig über die fertige Creme geben.

Indianerbananen halbieren, Fruchtfleisch auslöffeln, dabei Kerne und Schale entfernen. Das Fruchtfleisch im Mixer pürieren.

Von einer halben Zitrone den Saft auspressen, mit der Mascarponecreme zum Indianerbananenfruchtfleisch geben und gut verrühren.

Creme in Dessertschalen verteilen, mit Beerenfrüchten und Minze-Blättchen dekorieren und sofort servieren.

INDIANERBANANEN-CHUTNEY, ORIENTALISCH

- 1.000 g Indianerbananen, geschält und entkernt
- 6 mittelgroße Zwiebeln
- 400 g Rosinen
- 500 ml Weinessig
- 400 g Rohrzucker
- 1 Bio-Orange, Saft und Schale
- 2 Knoblauchzehen
- 1 TL Salz
- 1 ½ EL Kreuzkümmel, gemahlen
- 1 ½ EL Kardamon, gemahlen
- 2 TL Koriander
- 1 Chilischote
- 1 TL weißer Pfeffer

Das Fruchtfleisch der Indianerbananen mit einem Löffel herauslösen, dabei die Kerne entfernen, die Fruchtschale nicht verwenden! Die Zwiebeln schälen und in kleine Würfel schneiden oder fein hacken. Das Indianerbananen-Mus etwas zerkleinern (Gabel) und alle Zutaten zusammen in einen großen Topf geben und gut verrühren. Langsam zum Köcheln bringen, dabei öfter umrühren da Indianerbananen leicht anbrennen. Auf kleiner Stufe etwa 40–45 Minuten köcheln lassen, gut überwachen! Wenn die Konsistenz schön sämig ist, sofort in vorbereitete saubere Gläser füllen und gut verschließen. Das fertige Chutney noch etwa 2 Wochen ruhen bzw. reifen lassen.

PRAXISTIPP

Indianerbananen-Chutney passt sehr gut zu gebratenem Gemüse, Fleisch und zu gereiftem Käse. Überraschen Sie Ihre Gäste beim Grillen mit diesem Chutney als Grillsauce!

INDIANERBANANEN-CURD

Schmeckt aufs Brot, zu Muffins, Pancakes und Eis …

- 300 g Indianerbanen ohne Kerne und Schale
- 1 Bio-Zitrone
- 250 g Butter
- 500 g Zucker
- 6 Eier

Bio-Zitrone gut waschen und trocknen. Die Schale sehr fein abreiben, den Saft auspressen und durch ein Sieb in einen Topf geben. Die Butter würfeln und ebenfalls in den Topf geben. Vorsichtig erhitzen, bis die Butter geschmolzen ist. Nun den Zucker dazugeben und rühren, bis er aufgelöst ist. Jetzt den Topf vom Herd nehmen und leicht abkühlen lassen. Die Eier verquirlen und durch ein Sieb zur Buttermischung dazugeben. Das Indianerbananen-Fruchtfleisch mit einer Gabel zerkleinern und mit der Zitronenschale in den Topf geben. Die Masse in einer Metallschüssel in einem ca. 90 °C heißen Wasserbad 30–40 Minuten ständig rühren, bis sie schön cremig und dick ist. Vorsicht, das Wasserbad darf nicht zu heiß sein, sonst flockt das Ei aus. Das Indianerbananen-Curd heiß in vorbereitete saubere Gläser füllen und gut verschließen.

PRAXISTIPP

Vor dem Abfüllen sollte das Curd etwas über 80 °C heiß sein. Am besten mit einem Speisenthermometer kontrollieren.

INDIANERBANANEN-COOKIES

Schnelle Cookies mit dem typischen Geschmack der Indianerbananen

1 große Indianerbanane
130 g Mehl
½ TL Weinsteinbackpulver
60 g Butter
135 g Rohrzucker
1 Pkg Bourbon-Vanillezucker
1 Ei
100 g Haselnüsse, gerieben
2 EL Rum (optional)

Den Backofen auf 160 °C Umluft (180 °C Ober- und Unterhitze) vorheizen. Ein Backblech mit Backpapier belegen oder einfetten.

Die Indianerbanane längs in der Mitte durchschneiden, mit einem Löffel das Fruchtfleisch aus der Schale löffeln, dabei Kerne und Schale entfernen. Das Fruchtfleisch im Mixer pürieren.

Mehl, Vanillezucker, Backpulver und Haselnüsse in einer Schüssel vermischen.

In einer Rührschüssel Butter und Zucker schaumig rühren, das Ei dazugeben und weiterrühren. Das Mehl-Gemisch und das Indianerbananen-Fruchtmus in die Rührschüssel dazugeben und gut verrühren.

Mit einem Teelöffel kleine Häufchen mit etwas Abstand auf das Backpapier setzen und im Backofen 15–18 Minuten goldbraun backen.

Nach Belieben kann man auch einen Schuss Rum in die Teigmasse geben, dann ist das Rezept allerdings nicht für Kinder geeignet.

PRAXISTIPP

Diese Cookies schmecken uns frisch am besten.

INDIANERBANANEN-KUCHEN

300 g Indianerbanen-Fruchtfleisch
100 g Butter oder Kokosöl
140 g Rohrzucker
1 Pkg Bourbon-Vanillezucker
1 Prise Salz
1 Ei
190 g Mehl
1 EL Stärke
1 EL Kakao
1 TL Weinsteinbackpulver
½ TL Zimt, gemahlen
100 ml Milch

Den Backofen auf 160 °C Umluft oder 180 °C Ober- und Unterhitze vorheizen. Eine Kastenform befetten und bemehlen. Indianerbananen mittig auseinanderschneiden und mit einem kleinen Löffel das Fruchtfleisch, von den Kernen getrennt, auslöffeln und 300 g in eine Schüssel geben. Mehl, Backpulver, Kakao, Zimt und Stärke in einer Schüssel gut vermengen.

Zucker, Fett, Eier, Vanillezucker und Salz in eine Rührschüssel geben und mit einem Rührgerät oder Schneebesen schaumig rühren. Nun die Milch und die Mehlmischung sowie das Indianerbananen-Fruchtfleisch in die Rührschüssel dazugeben und gut verrühren.

Die Teigmasse in die vorbereitete Kastenform füllen und glattstreichen. Im Backofen auf mittlerer Schiene 50 Minuten backen, nach 10 Minuten aus der Form stürzen und auskühlen lassen.

PRAXISTIPP

Wenn der Kuchen nicht für Kinder bestimmt ist, kann man in den Teig nach Geschmack 1 EL Rum geben.

CHINESISCHE BRUSTBEERE, JUJUBE (*Ziziphus jujuba*, KREUZDORNGEWÄCHSE)

Großer Strauch bis Kleinbaum mit glänzend eiförmigen Blättern und 3–5 cm großen olivenförmigen bis birnenförmigen, zur Reife braunen Früchten, die gedünstet wie Datteln schmecken

Wuchsform: Großstrauch bis Kleinbaum
Verwendung: Frischverzehr, Verarbeitungsfrüchte

Pflanzenportrait

Botanisch betrachtet ist die Jujube ein Vertreter der Kreuzdorngewächse. Um Missverständnissen gleich vorweg vorzubeugen: Die **Jujube** hat nichts mit der tropischen **Jojoba** (*Simmondsia chinensis*) zu tun, welche vor allem in der Kosmetik und für industrielle Zwecke verwendet wird.

Ursprünglich stammen Jujuben aus Nord- und Nordost-China. Sie werden bereits seit Jahrtausenden in den Halbwüstengebieten Chinas kultiviert und sind schon seit dem Altertum im Mittelmeergebiet (ital. *Giuggiolo*) bekannt. Jujuben zählen bei uns noch zu den wenig bekannten seltenen oder besonderen Obstarten. Es sind locker aufgebaute, strauchartige, oft knorrige und häufig bedornte Sträucher oder kleine Bäume mit einer Wuchshöhe von 4–7 m. Besonderes Merkmal sind die hin und her gebogenen Zweige und die (bei den Sorten weniger stark ausgeprägten) Dornen. Die glänzenden, etwa 3–6 cm langen eiförmigen Blätter sind wegen der drei Blattadern recht auffällig, die Blattränder weisen eine leichte Zähnung auf.

Ihre Blüten sind unscheinbar: Sie sitzen zu 2–3 achselständig, sind grünlich gelb und werden von Bienen, Fliegen und anderen Insekten bestäubt. Die Blütezeit fällt bei uns in die erste Julihälfte. Weil die Jujube selbstfruchtbar ist, benötigt sie keinen Befruchter. Die Früchte reifen von September bis Oktober und die Sträucher bzw. Bäume sind reichfruchtend.

Standort, Verwendung im Garten

Weil die Jujube selbstfruchtbar ist und wegen des reichen Fruchtbehanges, eignet sie sich als Einzelstrauch oder -baum im Hausgarten. Sie benötigt ein mildes Klimagebiet (Winterhärtezone 7–8), in unseren Breiten entspricht das etwa dem Weinbauklima. Jungpflanzen sind frostempfindlich, sie benötigen Winterschutz. Die Winterhärte älterer Pflanzen wird mit bis zu –20 °C angegeben wird.

An den Boden stellt sie keine besonderen Ansprüche, sie ist trockenheitsresistent und kalkverträglich bzw. kalkliebend. Auch Sommerhitze tolerieren Jujuben gut.

Allgemeines

Die Früchte weisen bezüglich ihres Aussehens eine große Ähnlichkeit mit Datteln auf.

Eine Vermehrung durch Samen ist möglich, bringt jedoch keine qualitativen Nachkommen hervor. Die Vermehrung der Jujuben-Sorten erfolgt durch Veredelung auf Sämlingsunterlagen (z. B. durch Chip-Budding, Okulation und Kopulation mit Gegenzunge).

Schnittmaßnahmen sind nicht zwingend notwendig. Man kann aber die jungen Triebe im Spätherbst oder im zeitigen Frühjahr um ¼ bis ⅓ einkürzen, dann werden die Früchte etwas gleichmäßiger und größer.

Mitunter könnten in sehr heißen Sommern Spinnmilben auftreten. Abgesehen davon sind Jujuben weitgehend krankheitsfrei. Bei lange anhaltenden Regenperioden im Spätsommer kann die Fruchthaut aufspringen, was für die Lagerung natürlich ungünstig ist.

Das oberitalienische Städtchen Arquà Petrarca bei Padua ist bekannt für die Ernte von Jujuben („Brustbeeren", ital. = *giuggiole*). Hier findet einmal jährlich im Herbst die „Festa delle Giuggiole" statt. Dann werden verschiedene Produkte aus den Früchten hergestellt, wie etwa Schnäpse und Konfitüren.

Früchte und Blätter der Jujuben-Sträucher und -bäume dienen (ähnlich wie die Blätter des Maulbeerbaumes) als Futter für die Seidenraupenzucht.

Das Holz der Jujuben-Bäume ist rötlich und sehr dauerhaft, weshalb es gerne von Tischlern als Werkstoff eingesetzt wird.

Gesundheitliche Wirkung

Weitere Namen für die Jujuben sind Chinesische Brustbeere, Indische Brustbeere oder einfach Brustbeere. Diese Namen beziehen sich auf die Verwendung der Jujuben in der Volksmedizin. Sie werden als Sirup oder getrocknet als Brusttee verwendet, weil sie bei Erkältungsbeschwerden Erleichterung bringen sollen.

Die auch als chinesische Dattel bezeichnete Frucht wird traditionell in China seit über 2.500 Jahren als Medizin zur Qui-Stärkung bei Verdauungsproblemen, Stresszuständen, Appetit- und Schlaflosigkeit, Herzrythmusstörungen und erhöhtem Blutdruck eingesetzt.

Früchte

Jujuben-Früchte ähneln Oliven oder sehen aus wie kleine Datteln. Sie werden etwa 3–5 cm groß, es sind längliche, braunrote glänzende Steinfrüchte. Anfangs sind sie grünlich gelb, mit zunehmender Reife nehmen die dann glänzenden Früchte eine braunrote Farbe an. Jede Frucht enthält einen länglichen, auf beiden Seiten zugespitzten Kern. Der Kern löst sich bei frischen Früchten anfangs nicht gut vom Fruchtfleisch, mit zunehmender Reife ändert sich das jedoch. Frisch genossen, erinnert das gelblich weiße, mildsüße Fruchtfleisch etwas an einen knackigen, nicht ganz reifen Apfel. Im getrockneten Zustand wird die Konsistenz des Fruchtfleisches leicht mehlig. Die Fruchthaut wird runzelig und die Frucht erscheint so etwas „angewelkt".

Die Früchte reifen von September bis Oktober. Auf den Märkten in den Produktionsländern werden Jujuben sowohl als Frischobst (Tafelobst) als auch in getrocknetem Zustand angeboten. In China verwendet man entkernte und getrocknete Jujuben, die zuvor kurz aufgekocht werden, ähnlich wie Rosinen. Mit Reis und Honig vermischt, ergeben sie eine energiereiche Speise.

Neben Eiweiß (1,4 g/100 g), etwas Fett (0,3 g/100 g) und Kohlenhydraten (Zuckergehalt ca. 20–45 g/100 g) enthalten die Früchte. Auch zahlreiche Mineralstoffe und Vitamine, vor allem Vitamin A und Vitamin C (70 mg/100 g) sowie Calcium (21 mg/100 g) und Eisen (0,5 mg/100 g) bzw. Kalium und Phosphor sind ebenfalls in geringen Mengen vorhanden.

Empfehlenswerte Sorten

'Lang' bringt 1,5–4,5 cm große, längliche bis birnenförmige, süß schmeckende Früchte hervor, das Einzelfruchtgewicht beträgt 8,0–11,0 g. Die Fruchtreife setzt frühzeitig ein. Diese Sorte wird in Italien unter dem Namen 'Pera' verkauft. 'Li' produziert 1,3–4,5 cm große, rundliche Früchte, sie schmecken süß und fruchten frühzeitig. 'Dongzao' ist eine Chinesische Dattel mit mittelgroßen, rundlichen Früchten mit gutem Geschmack.

Ernte & Lagerung

Von einem Strauch kann man etwa 8–10 kg Früchte ernten. Die Früchte reifen von Ende September bis Ende Oktober. Erntereif sind sie, wenn sich die Fruchtschale von Grün nach Braun verfärbt. Die Früchte müssen einzeln per Hand geerntet werden. Man kann die Sträucher auch schütteln und die reifen Früchte vom Boden auflesen. Frische Früchte kann man bei Zimmertemperatur bis zu 4 Wochen lagern. Bei Temperaturen von 8–11 °C halten die Früchte etwa zwei Monate. Sorgfältig getrocknet und gelagert, kann man die Früchte ein bis zwei Jahre genießen.

HINWEIS

Frische Jujuben kann man in gut sortierten Bioläden kaufen.

Verarbeitung der Früchte

Aus reifen Jujuben kann Marmelade oder Mischmarmelade (Zitronenquitte, Birne, Quitte) zubereitet werden, getrocknet sind Jujuben besonders schmackhaft. Getrocknete Jujuben können außerdem als Ersatz für Rosinen in Strudeln und Gebäck verwendet werden. Weiters kann ein gutes Kompott daraus zubereitet werden. Sirup und Likör (*Brodo di giuggiole*) aus Jujuben sind traditionelle Zubereitungen aus Italien.

© E. Kuntschke

© E. Kuntschke

Rezepte

ZÀLETI MIT JUJUBEN

(Quelle: www.brodogiuggiole.it)
Zàleti sind Kekse nach einem venezianischen Rezept.

120 g reife Jujuben, grob gehackt
60 ml Grappa oder Rum
150 mg Weizenmehl, glatt
150 mg Maismehl
½ Bio-Zitrone, geriebene Schale
1 Prise Salz
1 TL Backpulver
3 Eidotter/Eigelb
150 g Kristallzucker
130 g Butter, geschmolzen, abgekühlt

Die gehackten Jujuben ein paar Stunden in Grappa oder Rum einweichen, besser über Nacht.

Den Backofen auf 160 °C Umluft oder 180 °C Ober- und Unterhitze vorheizen. Backblech mit Backpapier auslegen oder einfetten.

Weizenmehl, Maismehl, Backpulver, Zitronenschale und Salz in einer kleinen Schüssel vermengen. In einer Rührschüssel die Eidotter mit Zucker schaumig rühren, bis die Masse hellgelb und dickcremig ist. Nun die Mehlmischung in die Rührschüssel geben, ebenso die abgekühlte Butter und die Jujuben. Alles mit dem Rührgerät gut verrühren, mit einem kleinen Löffel kleine Häufchen auf das Backblech setzen und im Backofen etwa 13–15 Minuten goldbraun backen.

PRAXISTIPP

Venezianer essen diese Kekse, begleitet von einem süßen Wein, zum Dessert.

JUJUBEN-KOMPOTT

Schmackhafte, schnelle Zubereitung

1 kg frische Jujuben
400 ml Wasser
2 EL Zucker
2 Gewürznelken
¼ Zimtstange

Jujuben, je nach Sorte (Größe) im Ganzen zubereiten oder halbieren, dabei den spitzen, länglichen Kern entfernen. In einem großen Topf das Wasser mit den Gewürzen und Zucker zum Kochen bringen.

Nun die Jujuben in den Topf dazugeben, Hitze reduzieren und noch 3 Minuten zugedeckt weiterkochen.

Anschließend in vorbereitete saubere Gläser abfüllen. Dabei ist darauf zu achten, dass die Früchte von Saft bedeckt sind, dann die Kompottgläser gut verschließen. Oder man serviert das Jujuben-Kompott gut gekühlt als gesundes Dessert.

PRAXISTIPP

Bei gekochten oder gedünsteten Jujuben löst sich der Kern gut aus der Frucht. Probieren Sie das Kompott mit einem Schuss Rum. Wir teilen die Jujuben, die wir für unser Müsli verwenden, in Achtelstücke vor dem Dörren, damit passt die Größe sehr gut.

JUJUBEN-MARMELADE

Exotischer Geschmack nach süßen Datteln

1.000 g Jujuben
400 g Kristallzucker
100 ml Zitronensaft
80 ml Apfelsaft

Zuerst die sauber gewaschenen Jujuben in einem zugedeckten Topf mit ca. 250 ml Wasser weich dünsten. Dabei öfter kontrollieren, ob noch genug Wasser im Topf ist, damit die Früchte nicht anbrennen. Nach etwa 30 Minuten sind die Früchte weich. Nun werden sie entkernt. Man kann dies mit einer Passiermühle (Flotte Lotte) machen oder mit 2 Gabeln die Früchte zerdrücken und die länglichen spitzen Kerne herauslösen. Das Fruchtfleisch abwiegen, 800 g in einen Topf geben, mit Zitronensaft, Zucker und Apfelsaft gut verrühren und mit einem Mixstab pürieren, falls man zuvor nicht passiert hat. Unter ständigem Rühren bis zum Kochen erhitzen, dabei sehr vorsichtig sein, da die Masse stark spritzt! Die Marmelade nach einer Kochzeit von 3 Minuten in vorbereitete saubere Gläser abfüllen und gut verschließen.

PRAXISTIPP

Beim Abfüllen die Gläser mehrmals auf ein Geschirrtuch klopfen, damit Luftbläschen aus der Masse entweichen können.

KAPSTACHELBEERE *(Physalis peruviana,* NACHTSCHATTENGEWÄCHSE)

Einjährig kultivierte Staude mit papierenen lampionartigen Früchten, die eine leuchtend gelborange, bis 1,5 cm große kugelige Beere von süßem Geschmack mit angenehmer Säure umschließen

Wuchsform: Kleinstrauch
Verwendung: Frischverzehr, Verarbeitungsfrüchte

Pflanzenportrait

Die Kapstachelbeere wird auch als Andenbeere, manchmal auch als Andenkirsche bezeichnet. Es ist kein Obstgehölz im eigentlichen Sinne, sondern eine mehrjährige krautige Pflanze, die im basisnahen Bereich leicht verholzen kann. Die Früchte werden, ähnlich wie jene der Erdbeere, aber als exotisches Obst verwendet. Sie wird auch unter „Fruchtgemüse“ geführt.

Sie stammt ursprünglich aus Südamerika, wird aber in vielen Ländern angebaut und ist teilweise sogar verwildert. In unseren Breiten ist sie nicht winterhart und wird einjährig kultiviert!

Die Kapstachelbeere wird etwa 0,5–1,5 m hoch und hat bis zu 15 cm große und bis zu 10 cm breite, behaarte Blätter. Die zwittrigen Blüten sind glockenförmig, 10–15 mm lang, gelblich durchscheinend und haben an der Basis purpurne Flecken. Der Kelch entwickelt sich lampionartig und enthält eine gelbe bis orange Frucht.

Standort, Verwendung im Garten

Die Kapstachelbeere wird normalerweise vorkultiviert und dann im Garten als einjährige Pflanze kultiviert. Man kann die Pflanzen auch frostfrei überwintern, sollte sie dann aber stark zurückschneiden und im Frühjahr nach den letzten Frösten wieder auspflanzen.

Sie benötigen ein niedriges Stützgerüst, weil die jungen Triebe sehr brüchig sind. Sie kommen mit normalem Gartenboden gut zurecht, benötigen aber einen windgeschützten, sonnigen Standort sowie eine ausreichende Wasserversorgung.

Allgemeines

Portugiesische Seefahrer brachten die Andenbeere (Physalis) mit nach Südafrika. Sie gedieh insbesondere in der Gegend um das Kap der guten Hoffnung sehr gut, weshalb dort viele Kapstachelbeeren-Felder angelegt wurden. Daher kommt auch der Name „Kapstachelbeere".

Kapstachelbeeren soll man nicht zu viel düngen, denn bei zu hohem Stickstoffgehalt wächst sie sehr stark auf Kosten der Blüten- und Fruchtentwicklung.

Kapstachelbeeren stellen bei extremer Sommerhitze ihr Wachstum teilweise ein, unter normalen Umständen wachsen und fruchten sie aber bis in den Herbst hinein.

Alle Pflanzenteile außer der Frucht sind giftig.

Die Vermehrung der einjährig kultivierten Kapstachelbeeren erfolgt durch Aussaat ab Februar/März bei 25 °C, sie müssen pikiert und umgetopft werden, bevor sie dann im Mai ausgepflanzt werden können. Stecklinge können vom Sommer an bis Anfang November geschnitten und in Töpfen bei 18–20 °C bewurzelt werden, müssen dann aber frostfrei überwintert werden. Bei der einjährigen Kultur sind keine Schnittmaßnahmen notwendig. Überwinterte Pflanzen sollten jedoch im Frühjahr vor dem Austrieb etwa um die Hälfte eingekürzt werden.

Krankheiten treten kaum auf. Gelegentlich kann Virusbefall im Sommer auftreten. Aufgeplatzte überreife Früchte können von Grauschimmel befallen werden.

Die als Zierstaude in Gärten verwendete Judenkirsche (*Physalis alkekengi*) ist zwar mit der Andenbeere verwandt, trägt aber nicht essbare Früchte!

Gesundheitliche Wirkung

In Afrika werden die Blätter auf frische Wunden aufgelegt, dies soll die Heilung fördern.

Traditionell überliefert wird bei der Physalisfrucht eine Heilwirkung auf die Augen und antioxidative Wirkung eines Heißwasserextrakts aus den giftigen Pflanzenteilen der Wurzeln und Krautteile im Einsatz bei Krebs, Diabetes und zur Behandlung von Rheumaschüben. Gesundheitlich von Bedeutung ist der für Obst hohe Anteil an Proteinen mit einer idealen Zusammensetzung an Aminosäuren. Durch den hohen Kaliumgehalt, mit 200 Gramm ist der durchschnittliche Tagesbedarf gedeckt, müssen Dialysepatienten und Menschen mit Niereninsuffizienz beim Verzehr auf die Menge achten.

Früchte

Die Früchte sind gelbe bis orange, glattschalige, eiförmige bis kugelige, bis 15 mm große vielsamige Beeren. Die einzelne Frucht wird von einem papiernen trockenen Lampion umhüllt. Sie schmecken süß mit angenehmer Säure und weisen einen sehr intensiven Geschmack auf. Sie reifen nach und nach ab August bis zum Frosteintritt. Der die Frucht umhüllende Lampion ist zuerst grün, erst wenn dieser pergamentartig und durchscheinend wird, sind die Früchte reif. Pro Pflanze kann man mit einem Ertrag von 0,5–0,8 kg rechnen.

An Inhaltstoffen sind 11,2 g/100 g Kohlenhydrate, 1,9 g/100 g Protein, 0,7 g/100 g Fett sowie 9,0 mg Calcium, 1,0 mg Eisen und 0,4 mg Phosphor je 100 g Frucht enthalten. Darüber hinaus sind noch Vitamin C (11 mg/100 g), Vitamin A sowie geringe Mengen an Thiamin und Riboflavin enthalten.

Empfehlenswerte Sorten

Besonders empfehlenswert ist die Sorte 'Schönbrunner Gold', sie produziert sehr große, dunkelgelbe aromatische Beeren. Kleinere Früchte kann man bei den Sorten 'Little Lanterns' und 'Peruanische Andenbeere' ernten. Nahe verwandt ist auch die Erdkirsche (*Physalis pruinosa*), sie bleibt kleiner (ca. 70 cm) im Wuchs und bringt kleinere, nach Ananas schmeckende Früchte hervor.

Ernte & Lagerung

Die Ernte der Kapstachelbeere erfordert etwas Geduld. Wenn die hübschen Lampions pergamentartig vertrocknen und sich braun verfärben, die Frucht im Inneren goldgelb bis orangerot gefärbt ist, dann sind die Früchte reif. Will man im nächsten Jahr wieder Physalis pflanzen, kann man aus den besten Früchten Samen gewinnen und im zeitigen Frühjahr (z. B. am Fensterbrett) Pflänzchen vorziehen. Die Lampions mit den Früchten sitzen fest an den Trieben, man muss sie mit einer Schere oder einer Baumschere abschneiden. Nur wenn die Früchte beinahe reif sind, kann man sie kurz nachreifen lassen. Unreif geerntete Früchte reifen nicht nach! Reife Früchte lassen sich an einem trockenen und luftigen Ort in den Hüllen (bei 10–15 °C) mehrere Wochen lagern.

Kapstachelbeeren kann man im Kühlschrank mehrere Wochen lagern, wenn man sie in ihrer Umhüllung belässt und für nicht zu feuchte Umgebung sorgt. Auch Tiefgefrieren ist möglich.

Verarbeitung der Früchte

Die kugeligen Früchte sind von einem ölhaltigen, klebrigen Film überzogen, der gesunde Linolsäure und Ölsäure enthält und deshalb nicht abgewaschen werden muss. Kapstachelbeeren sollten nur reif gegessen werden. In den unreifen Früchten, den Blättern und der Wurzel befinden sich giftige Alkaloide.

Kapstachelbeeren werden vor allem roh gegessen. Als Naschfrucht direkt vom Strauch oder in herbstlichen Blattsalaten, Obstsalaten, Schokoladenfondue, Dessertcremes, Eiscreme und als essbare Dekoration. Verarbeitet wird die Beere zu Marmelade, Chutneys, Torten und Kuchen.

Kapstachelbeeren kann man bei reicher Ernte auch dörren. Allerdings dauert der Trockenvorgang durch den hohen Wassergehalt der Früchte zwischen 20 und 30 Stunden. Getrocknete Kapstachelbeeren schmecken ähnlich wie Rosinen und können auch wie diese beim Kochen und Backen eingesetzt werden.

Rezepte

KAPSTACHELBEEREN-CHUTNEY

Passt perfekt zu reifem Käse

- 350 g Kapstachelbeeren
- 1 roter oder oranger Paprika
- 90 g Rohrzucker
- 3 mittelgroße Zwiebeln
- 100 ml Weißer Balsamico oder Weißweinessig
- 1 EL Ingwer, gerieben
- 1 Prise Chili
- 1 Prise Piment
- Salz
- Pfeffer

Paprika waschen, halbieren, entkernen und klein würfeln. Zwiebeln schälen und klein würfeln. Kapstachelbeeren durch Drehen aus der Hülle lösen, verlesen und halbieren.

Alle Zutaten in einen Topf geben und unter Rühren langsam aufkochen. Hitze reduzieren und etwa 30 Minuten bis zur gewünschten Konsistenz köcheln lassen, dabei öfter umrühren. Zum Schluss das Chutney abschmecken, noch heiß in vorbereitete saubere Gläser füllen und sofort gut verschließen.

PRAXISTIPP

Verwenden Sie für Chutneys kleinere Gläser damit von diesen Köstlichkeiten nichts verdirbt.

KAPSTACHELBEEREN-MARMELADE MIT ZITRONENQUITTE

Fruchtig-exotisches Duo

600 g Kapstachelbeeren
250 g Zitronenquitten
400 g Gelierzucker 2:1

Kapstachelbeeren durch Drehen aus den Lampions lösen und verlesen.

Zitronenquitten waschen, vierteln, Kerngehäuse entfernen und zusammen mit den Kapstachelbeeren in einem Topf in wenig Wasser zugedeckt etwa 15–20 Minuten dünsten, bis sie weich sind. Dabei öfter kontrollieren und gegebenenfalls umrühren. Die weichen Früchte in einem Passiergerät (Flotte Lotte) mit der feinsten Siebeinlage passieren, um die Frucht-Häutchen weitgehend zu entfernen. Das Fruchtmus mit Gelierzucker in einen Topf geben, gut verrühren und langsam bis zum Kochen erhitzen. Nach 4 Minuten Kochzeit wird die Marmelade in vorbereitete saubere Gläser gefüllt und sofort verschlossen.

PRAXISTIPP

Variante: 600 g Kapstachelbeeren, 400 g Birnen und 200 g Zitronenquitten, dazu 600 g Gelierzucker 2:1.

KIRSCHPFLAUME *(Prunus cerasifera*, ROSENGEWÄCHSE)

Anspruchsloser vielstämmiger großer Strauch oder kleiner Baum mit unzähligen weißen Blüten im zeitigen Frühjahr und kugeligen, leicht säuerlich schmeckenden roten, gelben oder blauen Früchten im Spätsommer

Wuchsform: Großstrauch bis Kleinbaum
Verwendung: Frischverzehr, Verarbeitungsfrüchte

Pflanzenportrait

Die Kirschpflaume wird auch als Türkische Pflaume oder Myrobalane bezeichnet. Ihre Heimat erstreckt sich vom zentralasiatischen Raum und über den Kaukasus bis nach Kleinasien. Bereits vor 2.000 Jahren wurde sie im Mittelmeerraum kultiviert und seit dem 16. Jahrhundert ist sie in Mitteleuropa eingebürgert.

Sie wächst meist mehrstämmig und entwickelt sich zu einem Großstrauch, mitunter entwickelt sie sich aber auch als einstämmiger Baum von bis zu 8 m Höhe. Es entwickeln sich zwar Stammschösslinge, Wurzelausläufer werden aber keine gebildet.

Ihre bis zu 8 cm großen elliptischen Blätter entwickeln sich normalerweise erst nach, gelegentlich auch mit der Blüte. Diese sitzen entlang der vorjährigen Triebe, sind etwa 2,5 cm groß und nor-

malerweise weiß und öffnen sich von Mitte März bis Mitte April. Es gibt auch Zierformen mit rosa Blüten. Kirschpflaumen sind überaus reichblühend. Die Blüten sind selbstunfruchtbar (selbststeril), sie benötigen eine zweite genetisch unterschiedliche Pflanze (z. B. Sämling), damit die Blüten bestäubt werden. Die unterschiedlich gefärbten Früchte reifen je nach Sämlingstyp von Ende Juli bis in den September hinein.

Standort, Verwendung im Garten

Kirschpflaumen gedeihen am besten auf kalkhaltigen, durchlässigen und mäßig trockenen Böden in spätfrostgeschützten Lagen. Sie eignen sich vor allem in größeren Gärten für hohe Hecken. Als Einzelstrauch bzw. als Kleinbaum mit Stamm und Krone können sie auch in kleinen Gärten als Solitärgehölz dienen.

Allgemeines

Kirschpflaumen werden meist gleichgesetzt mit Kriecherln. Allerdings ist die Kirschpflaume eine eigene Art, während die Kriecherln zur Gruppe der Zwetschken zählen und sich vor allem durch die Bildung von Wurzelausläufern von der Kirschpflaume unterscheiden.

Es sind keine Schnittmaßnahmen notwendig, sie werden aber (falls dies nötig sein sollte) gut ertragen.

Ähnlich wie bei Zwetschken können Pflaumengespinstmotten und Sägewespen auftreten.

Wildformen werden durch Samen vermehrt. Auslesen und Sorten werden durch Veredelung auf Sämlinge der Art vermehrt. Vegetativ (durch Abrisse) vermehrte Typen der Kirschpflaume werden als Unterlage für Zwetschken und Pflaumen verwendet. Sie sind nicht anfällig für die Scharka-Krankheit und überdies auch noch für Extremstandorte geeignet.

Kirschpflaumen sind auch wertvolle Nektar- und Pollenspender für verschiedene Insektenarten.

Sie leisten auch als Vogelschutz- und Windschutzgehölz gute Dienste.

Gesundheitliche Wirkung

Ein Auszug der Blutpflaume wird in der Bach-Blütentherapie verwendet. Dieser ist als „Cherry Plum“ bekannt, steht in Verbindung mit Offenheit und Gelassenheit und wird für das Seelenheil eingesetzt.

Früchte

Die rundlichen Früchte der Kirschpflaumen unterscheiden sich je nach Typ durch ihre Fruchtfarben und die Reifezeit. Sie weisen einen Durchmesser von ca. 2–3 cm auf, bei Selektionen kann dieser bis zu 5 cm erreichen. Das Einzelfruchtgewicht liegt bei 8–16 g. Die Fruchtfarben sind je nach Typ ungemein vielfältig, es gibt solche mit gelben, braunrot bis roten, dunkelroten, gelb-roten bis hin zu dunkelvioletten Früchten. Sie reifen zwischen Juli und September, gelegentlich kann man sogar Pflanzen antreffen, deren Früchte bis in den Oktober hinein reifen.

Die dünne Fruchtschale schmeckt säuerlich, das Fruchtfleisch ist weich und wässrig, meist mit wenig Aroma. Es kommen aber immer wieder Typen vor, deren Früchte wohlschmeckend, saftig und süß sind. Kirschpflaumen weisen ein ausgewogenes Zucker-Säure-Verhältnis auf, welches den Früchten eine angenehme Geschmacksnote verleiht.

Der Saft der Früchte der Kirschpflaume enthält Zucker (10 %), Zitronen- und Äpfelsäure (1,5–4 %), Pektin (0,3–1,5 %), Vitamin C (22 mg/100 g), Provitamin A (11 mg/100 g), Calcium (3 mg/100 g), Eisen (11 mg/100 g), Magnesium (5 mg/100 g) und Phosphor (3 mg/100 g). Daneben gibt es noch Fette (0,1 g/100 g), Proteine (0,2 g/100 g) und Kohlenhydrate (7,9 g/100 g).

Empfehlenswerte Sorten

Die bekannten Zierformen wie die Blutpflaume 'Nigra' mit rosa Blüten sowie 'Atropurpurea' (syn. 'Pissardii') fruchten nur wenig, sie sind deswegen als Fruchtsorten ungeeignet. Die bekannteste und auch leicht erhältliche Fruchtsorte ist 'Trailblaizer, sie wird auch unter der Bezeichnung 'Hollywood' angeboten. Es ist eine Kreuzung der Kirschpflaume mit einer Japanischen Pflaume, die bis 4 cm große kirschrote wohlschmeckende Früchte hervorbringt. Gelegentlich werden noch die reichtragenden und geschmacklich guten Sorten 'Anatolia' und 'Fertilia' angeboten.

Ernte & Lagerung

Die Reifezeit der unterschiedlichen Typen der Kirschpflaume erstreckt sich von Juli bis Ende September. Reife Früchte der Kirschpflaumen sind nur sehr kurze Zeit gekühlt haltbar, sie sollten möglichst schnell verarbeitet werden. Zur Erntezeit schüttelt man die Sträucher und sammelt die Früchte vom Boden (Tuch unterbreiten) auf. Man könnte die Früchte natürlich auch händisch pflücken, aber da die Sträucher meist sehr hoch sind, wäre dies meist nur mit einer hohen Leiter möglich.

Verarbeitung der Früchte

Kirschpflaumen können roh als Naschfrucht gegessen werden, meist werden die kugeligen Früchte aber weiterverarbeitet. In der Türkei und im Iran werden die unreifen, noch grünen Früchte mit Salz gegessen und auch zu Chutney und Saft verarbeitet. In türkischen Läden werden diese unreifen Kirschpflaumen als „Can-Erik" angeboten. Für unseren Gaumen und unser Verdauungssystem hat sich die unreife Frucht als weniger geeignet herausgestellt.

Kirschpflaumen lösen sich selten gut vom Kern, deshalb ist die Verarbeitung mit etwas mehr Mühe verbunden als beispielsweise die von Zwetschken. Der besondere Geschmack der säuerlichen Früchte entschädigt aber den Aufwand.

Rezepte

Aus Kirschpflaumen kann man säuerliche, aromatische und farbintensive Marmelade, Gelee oder Röster zubereiten. Pikante Rezepte, wie Chutneys, oder Säfte, Sirupe und Nektar schmecken besonders gut.

KIRSCHPFLAUMEN-MARMELADE

Säuerliche fruchtige Note

1.000 g Kirschpflaumen, entsteint
500 g Gelierzucker 2:1
5 EL Wasser

Die entsteinten Kirschpflaumen in einen Topf mit dem Wasser geben, mit Gelierzucker verrühren und, wenn man Zeit hat, einige Stunden ziehen lassen. Nach dieser Zeit hat sich viel Fruchtsaft abgesondert und man kann die Früchtemischung langsam bis zum Kochen erhitzen, dabei öfter rühren. Nach 3–4 Minuten Kochzeit kann man nach Belieben die Fruchtmasse mit einem Pürierstab noch etwas zerkleinern oder mit den ganzen, zerkochten Früchten in vorbereitete saubere Gläser abfüllen und gut verschließen.

PRAXISTIPP

Wer es gerne etwas süßer mag, könnte statt Gelierzucker 2:1 entweder Feinkristallzucker und 15 g reines Apfelpektin verwenden oder Gelierzucker 1:1.

KIRSCHPFLAUMEN-RÖSTER

Einmal rühren – immer rühren!

5 kg Kirschpflaumen, entkernt
1 kg Feinkristallzucker

2,5 kg Kirschpflaumen in einen großen Topf geben und 500 g Zucker darüberstreuen. Nun die restlichen Kirschpflaumen in den Topf geben und wieder 500 g Zucker darüberstreuen. Alles zusammen über Nacht zugedeckt ziehen lassen. Am nächsten Tag die Früchte zugedeckt langsam aufkochen, den Deckel vom Topf nehmen und die Masse, ohne zu rühren, 3–4 Stunden zart köcheln lassen. Sobald man rührt, klebt die Masse am Topfboden und ständiges Rühren ist erforderlich!

Mit einem Stabmixer die Masse bis zur gewünschten Konsistenz zerkleinern, ganz heiß in vorbereitete saubere Gläser füllen und sofort verschließen.

TKEMALI

(Quelle: „Kaukasis" von Olia Hercules, S. 23)
Rezept für eine pikante Sauce aus dem Kaukasus

1.200 g Kirschpflaumen (entsteint gewogen)
150 ml Wasser
1 Prise Minze, getrocknet
1 TL Fenchelsamen
1 TL Koriandersamen
4–5 Pimentkörner
1 TL Schabzigerklee (Brotklee), gemahlen
1–2 Knoblauchzehen
½ TL Cayennepfeffer
Salz und Pfeffer
1 EL Honig

Die halbierten, entsteinten Kirschpflaumen mit dem Wasser in einen großen Kochtopf geben, langsam aufkochen und etwa 30 Minuten ohne Deckel köcheln lassen (reduzieren), bis die Früchte ganz weich sind. Mit einem Pürierstab oder mit einem Passiergerät (Flotte Lotte) zu einem homogenen Mus verarbeiten. Die Gewürze mahlen oder fein mörsern, den Knoblauch fein reiben oder pressen und alles zum Mus dazugeben. Das gewürzte Mus nun weitere 20 Minuten offen köcheln lassen, bis die gewünschte Konsistenz erreicht ist. Zum Schluss mit Salz, Pfeffer und Honig abschmecken.

PRAXISTIPP

Tkemali wird im Kaukasus wie „gesundes" Ketchup verwendet.

© J. Rabensteiner

KIRSCHPFLAUMEN-SIRUP

4 kg Kirschpflaumen ergeben ca. 2.000 ml Direktsaft im Dampfentsafter

2.000 ml Kirschpflaumensaft
1.000 g Sirupzucker für Früchte oder Feinkristallzucker

Den Kirschpflaumensaft aus dem Dampfentsafter in einem großen Topf mit Sirupzucker gut verrühren, auf 80 °C erhitzen und diese Temperatur 4 Minuten konstant halten, dann sogleich in vorbereitete, saubere Flaschen abfüllen und gut verschließen.

Die Flaschen nun für einige Minuten hinlegen, damit der Verschluss auch keimarm gemacht wird. Zum Auskühlen wieder aufstellen.

PRAXISTIPP

Man kann den Sirup auch mit Feinkristallzucker zubereiten, allerdings kann der Fruchtsaft bei Pektin haltigen Früchten in der Flasche gelieren, was mit Sirupzucker durch Pektinase, einem Enzym, verhindert wird.

KIWIBERRY *(Actinidia arguta* & Hybriden, STRAHLENGRIFFELGEWÄCHSE)

Starkwüchsige Kletterpflanze für halbschattigen Standort mit schmackhaften Naschfrüchten im Herbst

Wuchsform: Starkwüchsige Kletterpflanze
Verwendung: Frischverzehr, Verarbeitungsfrüchte

Pflanzenportrait

Kiwiberries oder Minikiwis sind Verwandte der bekannten Kiwis. Ihre Heimat reicht von Japan bis Korea, von Nordostchina bis Sibirien. Es sind starkwüchsige Kletterpflanzen, die an Klettergerüsten oder Bäumen bis 10 m hoch hinaufwachsen können. An roten Blattstielen sitzen die 8–12 cm langen, breit-eiförmigen Blätter, deren schöne gelbe Herbstfärbung eine Zierde im Garten ist.

Die Blüten sind zweihäusig verteilt, das bedeutet, man benötigt sowohl eine weibliche (1) als auch eine männliche Pflanze (2), damit die Fruchtbildung gewährleistet ist. Die achselständigen, weißen bis cremefarbenen Blüten erscheinen ab Ende Mai bis Mitte Juni. Kiwiberries reifen von September bis Oktober.

Standort, Verwendung im Garten

An ihrem heimatlichen Standort wachsen Kiwiberries im Unterwuchs des Waldes unter lichtschattigen Bedingungen und mäßig nährstoffreichen Böden. Im Garten benötigen sie deshalb gut durchlüftete, nicht allzu schwere, humose Böden im leicht sauren bis leicht alkalischen Bereich (pH 5–7). Für eine leichte Beschattung sind sie dankbar, besonders gut gedeihen sie an ost- bis südostseitig gelegenen Hauswänden. Mithilfe eines Klettergerüstes kann man sie zur Begrünung von Hauswänden, Mauern oder Zäunen verwenden.

Kiwiberries sind sehr frostharte Pflanzen, die während der Winterruhe Temperaturen von –30 bis –40 °C tolerieren. Allerdings sind sie sehr spätfrostgefährdet, deshalb für Spätfrostlagen nicht zu empfehlen. Damit sich die Früchte gut entwickeln können, benötigen sie während der trockenen Sommermonate bei uns eine ausreichende Bodenfeuchte.

Allgemeines

Kiwiberries sind starkwüchsige Kletterpflanzen, die man im Zaum halten muss, wenn man sie im Garten pflanzt. Deshalb erzieht man sie als Spalier oder lässt sie an einer Pergola hochranken. Im Winter, etwa ab Februar, schneidet man die abgetragenen vorjährigen Triebe auf 2–3 Knospen zurück. Nicht zu spät schneiden, denn ansonsten „bluten“ die Schnittstellen! Die stark wachsenden langen Triebe muss man bereits im Frühsommer stark (auf etwa 30–50 cm) einkürzen, meist ist ein zweiter Schnitt notwendig. An diesen Trieben entwickeln sich im Folgejahr kurze Austriebe mit Blütenknospen.

Kiwiberry-Pflanzen lassen sich mittels Kurz-Steckholz in Töpfen sowie durch Ableger vermehren.

Krankheiten sind bislang kaum aufgetreten. Fraßschäden durch Wühlmause und Fegeschäden durch Wild sind möglich. Neben Spätfrostschäden könnte bei extremer Witterung in Kombination mit hoher Trockenheit auch Sonnenbrand an Früchten auftreten.

Kiwiberries werden auch in Plantagen kultiviert.

Gesundheitliche Wirkung

Untersuchungen in Amerika lassen vermuten, dass die vorhandene Proleolytsäure den Cholesteringehalt im Körper senken kann. Verspeist man große Mengen frischer Kiwiberries, was aufgrund des köstlichen Geschmacks der Früchte durchaus möglich ist, so kann dies abführend (entschlackend, verdauungsfördernd) wirken. Vitamin E (ca. 5 mg/100 g) wirkt als Antioxidans, reduziert freie Radikale, die wiederum für den Alterungsprozess verantwortlich sind. Magnesium (ca. 15–20 mg/100 g) wirkt krampfhemmend und kann Stress vorbeugen.

Früchte

Kiwiberry-Früchte sind vielsamige Beeren, die ein wenig an Stachelbeeren erinnern. Gelegentlich werden sie deshalb auch als mandschurische Stachelbeeren bezeichnet. Die mehr oder minder walzenförmigen Früchte werden 2–4 cm lang, die Einzelfrüchte wiegen zwischen 6 und 14 g. Im Gegensatz zu den verwandten großen Kiwis ist die Schale der Kiwiberries grün oder bräunlich und glatt.

Es gibt auch Sorten mit roter Fruchtschale bzw. rotem Fruchtfleisch. Ihr feiner würziger, süßer Geschmack erinnert tatsächlich ein wenig an jenen der Stachelbeeren. Beim Verzehr größerer Mengen frischer Früchte kann mitunter ein leichtes Brennen auf der Zunge auftreten.

An Inhaltstoffen sind besonders der hohe Zuckergehalt (10–18 g/100 g) sowie der Vitamin-C-Gehalt von 60–300 mg/100 g hervorzuheben. Erwähnenswert sind auch der hohe Vitamin-E-Gehalt und hohe Mengen an Calcium, Kalium, Eisen und Ballaststoffen. Erfreulicherweise sind die Früchte auch reich an bioaktiven gesundheitsfördernden Stoffen.

Die Minikiwi ist auf Grund ihres hohen Gehalts an Vitamin C und E und ihres hohen Ballaststoffgehalts und zugleich niedrigen Zuckergehalts als wertvolles Naschobst von Bedeutung und wird zu der so genannten Lebensmittelgruppe Superfood gezählt.

Der Vitamin-C-Gehalt ist mit 60–300 Milligramm pro 100 Gramm Früchte höher als der von Zitronen und durch die enthaltenen Ballaststoffe machen sie bei einem zugleich niedrigen Anteil von etwa 52 Kilokalorien lange satt.

Empfehlenswerte Sorten

Es werden etwa 40 Kiwiberry-Sorten kultiviert. Erhältlich sind unter anderem: 'Weiki' (= Bayernkiwi), 'Maki', 'Ambrosia', 'Jumbo Verde', 'Bingo', 'Super Jumbo', 'Fresh Jumbo', 'Anna' etc. mit grüner Fruchtschale und grünem Fruchtfleisch sowie 'Red Jumbo', 'Ken's Red' und 'Purpurna Sadova' mit roter Schale und rotem Fruchtfleisch. Dazu benötigt man eine männliche Sorte wie 'Nostino' oder 'Weiki männlich'. Besonders interessant ist die selbstfruchtbare Sorte VITIKIWI, denn sie fruchtet auch ohne Befruchterpflanze.

Ernte & Lagerung

Pro Pflanze kann man mit einem Ertrag zwischen 13 und 30 kg rechnen. Die Früchte sind reif, wenn sie etwas weich werden. Man kann sie auch kurz vor der Vollreife ernten und nachreifen lassen, das funktioniert bei Kiwiberries recht gut. Sie müssen aber un-

bedingt vor den ersten Nachtfrösten geerntet werden. Weil die Früchte eines Fruchtstandes ohnehin meist gleichzeitig reifen, schneidet man die ganze Trugdolde mit der Schere ab. So geerntet, kann man die Früchte bei Bedarf nachreifen lassen, reife Früchte bleiben für 1–2 Wochen (im Kühlschrank) lagerfähig. Fruchtmus kann man für eine spätere Verwendung tiefgefrieren.

Kiwiberries sind reif, wenn die zarte unbehaarte Schale auf leichten Druck an der ganzen Frucht, auch in Stängel-Nähe, nachgibt. Kiwiberries sollte man nur vollreif verzehren.

Verarbeitung der Früchte

Kiwiberries enthalten das Eiweiß spaltende Enzym Actinidin, deshalb Kiwis nie zusammen mit Milchprodukten verarbeiten. Diese nehmen aufgrund des Enzyms einen bitteren Geschmack an. Actinidin findet auch als Weichmacher für Fleisch Verwendung. Kiwiberries eignen sich gut zur Herstellung von Marmelade, Fruchtleder, Kompott und Saft. Möchte man die Früchte trocknen, schneidet man sie am besten in der Mitte durch und dörrt die Kiwiberry-Hälften im Backofen bei 45 °C Umluft und lässt die Backofentür einen Spalt geöffnet oder im Dörrapparat bei 45 °C. Bei Sorten mit rotem Fruchtfleisch sollte man bedenken, dass sich die anfangs schöne rote Farbe, beispielsweise in Marmeladen, nach einigen Monaten in ein helles Braunrot verändert. Mischt man rotfleischige Sorten mit grünen Kiwiberry-Sorten erhält man einen unschönen Farbenmix in Brauntönen. Sind die vielen kleinen Kerne in Verarbeitungsprodukten nicht erwünscht, kann man sie mit einer Beeren-Fruchtpresse entfernen.

Müsli mit Hafermilch

HINWEIS

Kiwiberries aus dem eigenen Garten, schmecken wesentlich besser als die aus dem Supermarkt, die wegen der längeren Transportwege meist vor der Vollreife geerntet werden müssen.

Rezepte

KIWIBERRY-QUITTEN-MARMELADE

600 g Kiwiberries
400 g Quitten, geschält und entkernt
500 g Gelierzucker 2:1

Quitten in kleine Stücke schneiden und in etwas Wasser weich dünsten. Anschließend die Kiwiberries dazugeben und den Gelierzucker unterrühren.

Die Fruchtmasse langsam bis zum Kochen erhitzen, dabei regelmäßig rühren. Mit einem Mixstab kann man die Früchte bis zur gewünschten Konsistenz zerkleinern. Nach einer Kochzeit von 3 Minuten die fertige Marmelade in vorbereitete saubere Gläser füllen und sofort verschließen.

KIWIBERRY-MARMELADE

600 g Kiwiberries
400 g Zitronenquitten
500 g Gelierzucker 2:1

Kiwiberries waschen, gut abtropfen lassen und in einen großen Topf geben. Zitronenquitten gut waschen, vierteln und die Kerngehäuse entfernen. Die Zitronenquitten nun in kleine Stücke schneiden und zu den Kiwiberries in den Topf geben. Mit einigen Esslöffeln Wasser die Früchte im zugedeckten Topf langsam erhitzen, dabei gut überwachen und bei Bedarf rühren. Wenn die Zitronenquitten nach etwa 15–20 Minuten weich sind, wird die Fruchtmasse mittels Passiergerät (Flotte Lotte) von Kernen und Schale befreit. Das Fruchtmus in einem Topf mit dem Gelierzucker gut verrühren, langsam erhitzen und zum Kochen bringen. Nach 3–4 Minuten Kochzeit wird die Marmelade in vorbereitete saubere Gläser gefüllt und sofort gut verschlossen.

PRAXISTIPP

Hat man keine Zitronenquitten zur Verfügung, sollte man den süßen Kiwiberries eine saure Note hinzufügen, beispielsweise mit Rhabarber oder Zitronensaft.

KIWIBERRY-FRUCHTLEDER

1.000 g Kiwiberries
100 g Zitronenquittenmus (siehe S. 167)
400 g Feinkristallzucker

Kiwiberries waschen, gut abtropfen lassen und mit einigen Esslöffeln Wasser in einen großen Topf geben. Die Früchte zugedeckt langsam erhitzen, bis sie platzen. Anschließend die Beeren mit einem Passiergerät (Flotte Lotte) oder einer Beerenmühle von Haut und Kernen befreien. Das Fruchtmus mit dem Zucker gut verrühren, nochmals erhitzen, kurz aufkochen, etwas abkühlen lassen und auf vorbereitete Dörrfolie oder Backpapier 3–4 mm dick aufstreichen. Im Dörrapparat oder im Backofen bei 40 °C etwa 15–18 Stunden trocknen, bis man die Fruchtmasse leicht abziehen kann. Nun wird die elastische Fruchtplatte in kleine Stückchen geschnitten und diese in Feinkristallzucker gewälzt, damit sie nicht aneinanderkleben.

PRAXISTIPP

Man kann auch die rohen Früchte mixen, auf eine Dörrfolie dünn aufstreichen und trocknen lassen.

KOREA-KIRSCHE *(Prunus tomentosa,* ROSENGEWÄCHSE)

Anspruchsloser, kältetoleranter mittelhoher Strauch mit überaus reicher Blüte Ende März, Anfang Juli reifen die sehr schmackhaften, roten Weichselkirschen

Wuchsform: Normalstrauch
Verwendung: Frischverzehr, Verarbeitungsfrüchte

Pflanzenportrait

Die Korea-Kirsche wird auch als Nanking-Kirsche oder Filz-Kirsche bezeichnet. Sie ist von Japan über China und Korea bis zum Himalaja beheimatet. Sie ist ein eher aufrechter, mäßig dicht verzweigter Strauch von 1,5–2,5 (–3) Höhe.

Auffallend sind ihre stark filzigen Triebe, deshalb auch der Name Filz-Kirsche. Auch die 4–6 cm langen, verkehrt eiförmigen Blätter sind oberseits stumpfgrün und unterseits graugrün und filzig behaart. Bereits vor dem Laubaustrieb ab Anfang April erscheinen die etwa 1,5 cm großen weißen Blüten mit zartrosa getönter Mitte. Die Blüten sind zwar selbstfruchtend, das Vorhandensein einer zweiten Pflanze zur Fremdbestäubung fördert allerdings den Fruchtertrag. Die schön rot gefärbten weichselähnlichen Früchte reifen ab Ende Juni bis Juli.

Standort, Verwendung im Garten

Die Korea-Kirsche ist ein früh- und reichblühender Zierstrauch mit schmackhaften Früchten, ideal für eine Naschhecke. Auch als Einzelstrauch oder als Kübelpflanze ist sie besonders interessant. Die Pflanzen fruchten bereits ab dem 3.–4. Jahr.

Normale, mäßig feuchte Gartenböden, die nicht allzu schwer und lehmig sind sowie ein sonniger Standort sind günstig.

Allgemeines

Korea-Kirschen sind weiters unter den Namen Japanische Mandel-Kirsche und Manchu-Kirsche bekannt.

Korea-Kirschen sind extrem winterhart und können noch Temperaturen bis –34 °C trotzen.

Sie wachsen auch ohne Schnittmaßnahmen, sind dann allerdings etwas kurzlebiger (werden ca. 15 Jahre alt).

Man kann Korea-Kirschen einfach durch Samen vermehren, die Samen müssen aber für einige Woche der Kälte ausgesetzt sein. Von besonders reichfruchtenden Auslesen kann man auch Sommerstecklinge bewurzeln.

Ist der Sommer warm und feucht, dann kann mitunter Zweigmonilia auftreten. Das ist aber kein Problem, wenn man die befallenen Triebe bis ins gesunde Holz zurückschneidet. Die Pflanzen treiben wieder gut aus und blühen und fruchten im Folgejahr wieder ganz normal. Keinesfalls sollte man die Pflanzen im Frühjahr schneiden, denn sie blühen und fruchten am vorjährigen Trieb.

Mäuse und Wühlmäuse können ein Problem darstellen.

Mitschurin (Russland) empfahl, die Korea-Kirsche in Windschutzpflanzungen einzubringen, weil sie nicht nur sehr winterhart ist, sondern auch noch alljährlich gute Fruchterträge bringt.

Gesundheitliche Wirkung

Die Korea-Kirsche ist durch einen hohen Gesamtphenolgehalt (insbesondere Flavonole und Tannine) und eine antioxidative Aktivität gekennzeichnet, was auf ein großes Entwicklungspotential als gesunde Frucht hinweist.

Früchte

Die Früchte der Korea-Kirsche werden vorwiegend entlang der vorjährigen Triebe gebildet. Sie sitzen fast ungestielt dicht an den Zweigen. Die kugeligen, hell scharlachroten Früchte sind leicht durchscheinend, sie werden etwa 1–1,8 cm groß.

Ein Fruchtgewicht von bis zu 3,5 g wird erreicht. Korea-Kirschen sind außerordentlich schmackhafte, süß-säuerlich schmeckende Früchte mit angenehmer Fruchtsäure. Sie erinnern im Geschmack ein wenig an süße Weichselkirschen. Das Fruchtfleisch löst sich gut vom Kern, der allerdings relativ groß ist. Die Fruchtreife erfolgt ab Ende Juni und reicht bis in den Juli hinein.

An Inhaltstoffen sind neben 0,7 % Fruchtsäuren noch bis zu 12 % Zucker sowie Farbstoffe, Vitamine (ca. 30 mg/100 g) und Mineralstoffe erwähnenswert.

Empfehlenswerte Sorten

Samenvermehrte Pflanzen sind durchwegs empfehlenswert. Bei uns wird nur die Sorte 'Orient' angeboten, die etwas größere und kräftiger rosa gefärbte Blüten hervorbringt. 'Efimka' bringt 4–5 g schwere Früchte hervor, die bis zu drei Wochen am Strauch haften. 'Red Ninja' und 'White Ninja' sind neuere Sorten, letztere bringt cremeweiße Früchte hervor. In Russland werden knapp 20 Sorten kultiviert. Diese unterscheiden sich durch die Fruchtfarbe, die von Dunkelrosa bis fast Schwarz sein kann, es gibt auch eine Sorte mit cremefarbenen Früchten.

Außerdem sind diese Sorten sehr fruchtbar, sodass 5–7 (–10) kg pro Strauch geerntet werden können. Es gibt auch einige Sorten, die aus Kreuzungen der Korea-Kirsche mit anderen Kirschen-Arten (z. B. 'Manchu Cherry') hervorgegangen sind.

Ernte & Lagerung

Da die Sträucher nicht allzu hoch werden, lassen sich die weichselähnlichen Früchte einfach per Hand ernten. Vollreife Früchte sind nicht lange lagerfähig, sie müssen alsbald verzehrt oder verarbeitet werden. Die Früchte kann man gut tiefgefrieren.

Verarbeitung der Früchte

Korea-Kirschen-Früchte sind hervorragende Naschfrüchte. Bei der Verarbeitung kann man die Kerne mittels eines Passiergerätes (Flotte Lotte) problemlos entfernen, da sie klein und kugelig sind. Die gewaschenen, getrockneten Kerne finden auch Verwendung als Füllung für Kirschkern-Kissen.

Die frischen Blätter der Koreakirsche sind Tannin haltig und können ebenso wie Himbeer- und Johannisbeer-Blätter zum Einlegen von Gemüse verwendet werden.

Rezepte

Der süß-säuerliche zarte Geschmack der Koreakirschen erinnert an Kirsch-Weichseln. Die Früchte können zu schmackhafter Marmelade, Gelee, Fruchtleder, Saft, Sirup und Likör verarbeitet werden.

KOREA-KIRSCHEN-MARMELADE

1.000 g Koreakirschen
500 g Gelierzucker 2:1

Koreakirschen in einem Topf mit einigen EL Wasser ca. 10–15 Minuten dünsten, bis die Früchte platzen. Nun mittels Passiergerät (Flotte Lotte) die Kerne entfernen. Das Fruchtmus wird mit dem Gelierzucker in einem Topf gut verrührt und langsam, unter öfterem Rühren, zum Kochen gebracht. Nach einer Kochzeit von 3–4 Minuten die Marmelade in vorbereitete, saubere Glaser abfüllen und sofort gut verschließen.

KOREA-KIRSCHEN-FRUCHTLEDER

1.000 g Koreakirschen
500 g Bio-Gelierzucker 2:1

Die Koreakirschen in einem Topf mit einigen EL Wasser langsam erhitzen, bis die Früchte platzen. Nun die Kerne mittels Passiergerät (Flotte Lotte) entfernen und das Fruchtmus mit dem Gelierzucker in einem Topf gut verrühren und unter Rühren kurz aufkochen. Die Fruchtmasse dünn auf eine Dörrfolie oder Dauerbackfolie streichen und gleichmäßig verteilen. Im Dörrapparat oder im Backofen bei leicht geöffneter Tür bei 40 °C ca. 10–15 Stunden trocknen lassen. Das Fruchtleder ist fertig, wenn es sich gut von der Folie abziehen lässt. Auf Backpapier kann die Fruchtmasse kleben bleiben und das Abziehen wird erheblich erschwert. Die elastischen gummiähnlichen Fruchtleder-Platten werden nach Belieben in kleine Quadrate geschnitten und in Feinkristallzucker gewälzt, damit sie nicht aneinanderkleben.

KOREA-KIRSCHEN-LIKÖR

500 g Koreakirschen
600 ml Korn oder Wodka, 38–40 Vol.-%
150 g Kandiszucker

Für die Zuckerlösung
250 ml Wasser
150 g Zucker

Die Koreakirschen waschen und zerstoßen, damit die Häutchen platzen. Die Früchte mit Kandiszucker und Korn oder Wodka in ein großes verschließbares Glas geben und an einem warmen hellen Ort (keine direkte Sonne) ziehen lassen. Das Glas gelegentlich leicht schütteln, damit sich der Kandiszucker besser löst.

Nach 5–6 Wochen den Ansatz durch ein feines Sieb oder ein sauberes Tuch filtern.

Die Zuckerlösung aus Wasser und Zucker kochen und auskühlen lassen. Nun die Zuckerlösung nach Geschmack zum Ansatz gießen, gut verrühren und abschmecken. Wer mag, kann den Likör mit Vanilleschote oder Zimt und Nelken aromatisieren.

Ansatzfrüchte vom Korea-Kirschen-Likör

KORNELKIRSCHE (*Cornus mas*, HARTRIEGELGEWÄCHSE)

Prächtig blühender Großstrauch bis kleiner Baum mit bis zu 3,5 cm großen herb-sauren roten Früchten im Spätsommer, die sich zu zahlreichen köstlichen Produkten verarbeiten lassen

Wuchsform: Großstrauch bis Kleinbaum
Verwendung: Verarbeitungsfrüchte, Frischverzehr

Pflanzenportrait

Die Kornelkirsche ist auch unter den Bezeichnungen Dirndl, Dirlitze oder Tierlibaum (Schweiz) bekannt.

Das Verbreitungsgebiet der Kornelkirsche reicht von Mittel- und Südeuropa bis nach Klein- und Mittelasien. Die größten natürlichen Vorkommen befinden sich im Kaukasusgebiet (ca. 100.000 ha). In Österreich ist das Pielachtal wegen seiner zahlreichen Kornelkirschen-Standorte als „Dirndltal" bekannt.

Die Kornelkirsche entwickelt sich zu einem mehrstämmigen Strauch oder kleinen Baum mit breiter Krone von 6–8 m Höhe heran.

Seine 4–10 cm großen, leicht behaarten Blätter sind gegenständig angeordnet. Es gibt zwei Arten von Knospen: schmal und spitz sind die Blattknospen, während die bereits im Herbst entwickelten Blütenknospen gestielt, dick und rundlich sind. Letztere entwickeln sich an den Verzweigungen älterer Triebe.

Die kleinen gelben Blüten sind in Trugdolden aus bis zu 20 vierzähligen Einzelblüten angeordnet und öffnen sich je nach Witterung bereits ab Ende Februar/Anfang März.

Die Blüten sind selbstfruchtbar. Da um diese Zeit noch kaum Honigbienen unterwegs sind, werden die Kornelkirschen-Blüten vorwiegend von Wildbienen, Hummeln und anderen Insekten bestäubt. Die roten beerenartigen Steinfrüchte reifen sukzessive (folgernd) je nach Höhenlage von Mitte August bis Mitte September.

Standort, Verwendung im Garten

Kornelkirschen-Sträucher sind nicht nur schöne Landschaftsgehölze, sondern auch prächtige Gartengehölze mit sehr früher Blütezeit. Sie sind vielseitig einsetzbar, als Solitärstrauch/-baum ebenso wie als geschnittene oder freiwachsende Hecke mit Blüten- und Fruchtschmuck.

Sie benötigen, zumindest wenn man auf guten Fruchtertrag Wert legt, mäßig nährstoffreiche, mäßig feuchte Böden und einen sonnigen Standort. Der Boden sollte eher kalkreich sein. Staunasse und verdichtete Böden sind ungeeignet.

Schnittmaßnahmen sind nicht nötig. Allerdings sind Kornelkirschen-Sträucher sehr gut schnittverträglich und deshalb auch als geschnittene Hecke sehr wertvoll. Man kann die Sträucher entweder mit 3–4 Trieben oder einstämmig als Kleinbaum erziehen.

Allgemeines

Kornelkirschen-Sträucher können ein Alter von 200 Jahren und mehr erreichen.

Sie sind ökologisch besonders wertvoll, da sie für zahlreiche Tierarten als Lebensraum und Futterquelle dienen.

Eine Samenvermehrung der Wildformen ist möglich, die Samen keimen aber erst im zweiten Jahr nach der Ernte. Normalerweise werden sie durch Veredelung (Reiserveredelung im Winter, Augenveredelung im Frühsommer) vermehrt, als Unterlage dienen 2–3-jährige Sämlinge der Art. Veredelte Pflanzen fruchten erstmals nach 3–4 Jahren.

Gelegentlich können an den Blättern durch einen Pilz (*Septoria cornicola*) verursachte braune Flecken auftreten.

Normalerweise fruchten Kornelkirschen jedes Jahr. Nur falls es zur Blütezeit für längere Zeit regnet oder schneit, kann es vorkommen, dass keine Insekten fliegen und die Bestäubung deshalb nur mangelhaft ist.

Kornelkirschen werden inzwischen in Niederösterreich, im Burgenland und in kleinerem Umfang auch in der Steiermark plantagenmäßig angebaut.

Alljährlich findet im September im Pielachtal (Niederösterreich) der „Dirndl-Kirtag“ statt. Auch im Arboretum Bolestraszyce in Polen sowie in Serbien und in der Türkei werden traditionell Cornus-Festivals veranstaltet.

Die Samen der Kornelkirschen können für Polsterfüllungen verwendet werden. Im Ofen aufgewärmte Kerne, die in Bettwärmer gefüllt werden, speichern die Wärme lange. Deshalb verwendet man sie noch heute in Ländern mit tiefen Wintertemperaturen.

Gesundheitliche Wirkung

Bereits in den alten Kräuterbüchern (z. B. im Apothekerlexikon von Hanemann, 1793) wurden die stopfenden und zusammenziehenden sowie durchfallheilenden Wirkungen beschrieben, welche durch den hohen Gerbstoffanteil in den Früchten begründet sind. Rhob oder rob ist ein eingedickter Beerensaft aus verschiedenen Früchten, der ursprünglich aus der persischen und arabischen Medizin stammt. In Greens Universalherbar aus dem frühen 19. Jh. wird erwähnt, dass die getrockneten Früchte oder deren Saft, in Wasser gekocht, eine ausgezeichnete kühlende und zusammenziehende Medizin von großer Nützlichkeit bei Fieber und Erbrechen sind. Hildegard von Bingen (1098–1179) empfahl Bäder, bestehend aus den Blättern und der Borke des Kornelkirschen-Baumes, um die von Rheuma verursachten Schmerzen zu lindern. Tee aus getrockneten Blättern, dreimal täglich getrunken, soll den Husten beruhigen.

In der Geschichte der chinesischen Herrscher fällt ein Kaiser Namens Qian Long der Manchu Dynastie durch sein besonders langes Leben auf. Er starb erst im Alter von 89 Jahren, was laut der Überlieferung der so genannten „Königszutat“ *Fructus Corni*, in China auch „saure Bergdattel“ genannt, zuzuschreiben ist.

Früchte

Kornelkirschen-Früchte sind glänzend rote, etwa 2 cm lange, beerenartige Steinfrüchte. Ihr Fruchtgewicht beträgt etwa 1,8–2,5 g. Die Früchte der Kultursorten können bis zu 3,5 cm groß sein und 5,5–6,5 g (–10) g wiegen. Sie sind essbar, allerdings müssen sie dazu vollreif sein. Inzwischen gibt es Auslesen, die weniger Gerbsäure enthalten und deshalb nicht so säuerlich adstringierend schmecken. Darüber hinaus gibt es inzwischen zahlreiche großfruchtige Sorten mit oliven- oder birnenförmiger Gestalt. Sogar einige Sorten mit gelben Früchten sind im Baumschulsortiment enthalten.

Die Früchte reifen nach und nach (folgernd) über einen Zeitraum von zwei bis drei Wochen. Pro Pflanze kann man mit Erträgen von 20–40 (und wesentlich mehr) kg rechnen.

Die Früchte enthalten 70–120 mg/100 g Vitamin C, 7,5–10,4 (– 20) g/100 g Zucker, 3,8–7,2 g/100 g Fruchtsäuren sowie Pektin, Duft- und Farbstoffe (Anthocyane).

In Georgien schätzt man, dass etwa 60.000 Kornelkirschen-Sträucher zur Fruchtgewinnung in Gärten kultiviert werden.

Empfehlenswerte Sorten

Momentan werden etwa 40 Sorten vermehrt. 'Jolico' ist eine spätreifende Sorte (Mitte September) mit 3,5 cm großen ovalen, eher herben Früchten, die besonders zur Verarbeitung geeignet sind. Die 'Schönbrunner Gourmet-Dirndl' bringt große birnenförmige Früchte mit etwas höherem Zuckergehalt hervor. 'Kasankalker' ist eine bulgarische Züchtung mit großen Früchten und früher Reifezeit (Ende August) und eher süßen Früchten, auch zum Frischverzehr geeignet. 'Ekzoticzny' (Ukrainische Sorte) bringt lange, flaschenförmige Früchte hervor. 'Szafer' (Polnische Sorte) hat birnenförmige Früchte, die bei Vollreife schwarzrot werden und den höchsten Vitamin-C-Gehalt und Zuckergehalt (16 %) aufweisen. 'Yellow' (Ukrainische Sorte) ist eine frühreifende (Mitte August) Sorte mit mittelgroßen gelben Früchten. Dieser fehlt der adstringierende Geschmack, deshalb ist sie als Naschfrucht empfehlenswert.

Eine weitere interessante Art ist die reichfruchtende **Japanische Kornelkirsche** (*Cornus officinalis*) und deren Hybriden. Diese wird in Zukunft möglicherweise auch für die Fruchtgewinnung interessant. Ihre Früchte reifen sehr einheitlich erst spät im November und der Großteil der Früchte kann in einem Erntedurchgang geerntet werden. Ihr Fruchtgewicht beträgt ca. 1,6–2,3 g. Interessant ist aber der hohe Fruchtfleischanteil.

Ernte & Lagerung

Weil die Früchte der Kornelkirschen nach und nach reifen, erfolgt die Ernte in 2–3 Durchgängen. Bereits vor der Vollreife geerntete Früchte (diese sind dann schon rot, aber noch sehr hart) kann man gut nachreifen lassen. Im Hausgarten erntet man die reifen Früchte am besten händisch oder man schüttelt die Früchte auf ein darunter ausgebreitetes Netz oder Vlies.

Die Kornelkirschen reifen in wenigen Tagen nach. Im Kühlschrank sind sie einige Tage haltbar. Das Tiefgefrieren der Früchte ist eine Möglichkeit, diese für längere Zeit für die Verarbeitung bereitzuhalten.

Die Saftausbeute pro kg Frucht beträgt 500 ml Direktsaft (Sorte ‘Jolico‘). Bei der *Cornus officinalis*-Hybride benötigt man für 1 kg etwa 440–450 Früchte. Aus 1 kg Früchte gewinnt man 0,86 kg Fruchtfleisch (durch Passieren der Früchte), der Kernanteil beträgt ca. 14 %.

HINWEIS

Die behaarten Blätter der Kornelkirsche verursachen bei Hautkontakt harmlose, aber lästige Hautreizungen. Der Juckreiz bessert sich nach dem Waschen der betroffenen Hautstellen. Besonders Kontaktlinsenträger können Augenreizungen bekommen!

Verarbeitung der Früchte

Kornelkirschen sollen für die Weiterverarbeitung möglichst vollreif geerntet werden. Die reifen Früchte müssen dann rasch weiterverarbeitet werden, da sie schnell verderben. Für Dirndl-Oliven erntet man die Kornelkirschen in unreifem Zustand, wenn die Früchte gerade beginnen, sich zu färben (Ende Juli/ Anfang August, je nach Sorte).

Das Entkernen der Früchte ist eine mühsame Arbeit, die sich aber lohnt, wenn man Marmeladen mit Fruchtstückchen bevorzugt. Bei den großfruchtigen Sorten kann man das mit einem Olivenentkerner machen oder man schneidet mit einem kleinen Messer das Fruchtfleisch vom Kern. Dadurch bleiben sowohl die schöne Farbe der Früchte als auch der Geschmack unverändert erhalten. Diese Methoden sind nur dann geeignet, wenn kleine Mengen verarbeitet werden sollen. Die Verarbeitung von größeren Mengen kann man mit einem Passiergerät (Flotte Lotte) bewerkstelligen, man kann die Früchte auch mit einem groben Sieb oder mittels Zentrifugen entkernen.

Rezepte

Kornelkirschen können sehr vielseitig verwendet werden: Von Bäckereien, Saft, Nektar, Sirup über Marmelade, Chutney, Dirndl-Oliven bis zum Kandieren der Früchte sowie Liköre und Destillate ist jedes Erzeugnis sehr empfehlenswert.

KORNELKIRSCHEN-SCHOKO-KUCHEN

250 g Butter
200 g Zucker
4 Eier
160 g Mandeln, gemahlen
160 g Schokolade, grob gehackt
160 g Mehl
1 TL Weinsteinbackpulver
2 EL Rum
1.000 g Kornelkirschen

Den Backofen auf 160 °C Umluft oder 180 °C Ober- und Unterhitze vorheizen. Ein tiefes Backblech fetten und bemehlen oder mit Backpapier auslegen.

Die Kornelkirschen waschen, verlesen und entkernen. Schokolade grob reiben oder mit einem Messer grob hacken. Mehl mit Backpulver, Mandeln und Schokolade vermengen. In einer Rührschüssel mit dem Handrührgerät Butter mit Zucker verrühren und nach und nach die Eier dazugeben, dazwischen die Masse immer gut schaumig rühren. Dann den Rum und die Mehlmischung vorsichtig unter die Ei-Masse rühren. Den fertigen Teig gleichmäßig auf das vorbereitete Backblech verteilen und glattstreichen. Zum Schluss mit den entkernten Kornelkirschen gleichmäßig belegen und auf mittlerer Schiene ca. 40 Minuten backen. Vor dem Servieren mit Staubzucker bestreuen.

PRAXISTIPP

Naschen Kinder beim Kuchen mit, sollte statt Rum zum Beispiel Joghurt oder Milch verwendet werden.

KORNELKIRSCHEN-FRUCHTSAFT

2 l Kornelkirschen-Saft
1 l Wasser
500 g Sirupzucker für Früchte

Die Kornelkirschen waschen, verlesen und abtropfen lassen. Die Früchte entsaften (z. B. dampfentsaften), vom gewonnenen Saft 2 Liter abmessen und mit 1 Liter Wasser aufgießen. Der Saft kann für die Herstellung von Nektar mit Wasser verdünnt werden, weil er sehr intensiv im Geschmack ist. Nun den Sirupzucker unterrühren und den Nektar auf 80–90 °C erhitzen, dabei darauf achten, dass diese Temperatur mindestens 4 Minuten gehalten wird (pasteurisieren), dabei gelegentlich umrühren. Anschließend sofort in vorbereitete, saubere Flaschen abfüllen, verschließen und die Flaschen einige Minuten hinlegen. Zum Auskühlen werden die Flaschen wieder aufgestellt. Diesen Fruchtsaft kann man ca. 1:3 oder nach Geschmack mit Wasser oder Mineralwasser verdünnen.

PRAXISTIPP

Sirupzucker enthält das Enzym Pektinase, was das Gelieren von pektinhältigen Säften in der Flasche verhindert.

KORNELKIRSCHEN-MARMELADE

Köstlichkeit mit Fruchtstückchen

1.000 g Kornelkirschen, entkernt
500 g Gelierzucker 2:1 oder 1.000 g Gelierzucker 1:1

Kornelkirschen mit einem Olivenentkerner entkernen, mit einem kleinen Messer vom Kern schneiden oder den Kern händisch aus der Frucht quetschen (Empfehlung: Einweghandschuhe). Die entkernten Früchte in einem geeigneten Topf mit dem Gelierzucker vermischen und einige Stunden zugedeckt ziehen lassen. Dabei bildet sich genug Saft, um die Masse gefahrlos erhitzen zu können. Die Fruchtmischung nun langsam erhitzen und zum Kochen bringen, dabei gelegentlich umrühren.

Unter Rühren 3–4 Minuten sprudelnd kochen, sofort in vorbereitete saubere Gläser füllen und gut verschließen.

PRAXISTIPP VON SUSI PAMMER

Wem die Kornelkirsche im Geschmack zu intensiv ist, kann diesen durch Zugaben von ca. 10 % Weingartenpfirsich oder Marillen angenehm mildern.

KORNELKIRSCHEN-SIRUP

2 l Kornelkirschen-Saft
1.000 g Sirupzucker für Früchte

Kornelkirschen waschen, verlesen und entsaften (z. B. mit einem Dampfentsafter). Vom gewonnenen Saft 1.000 ml abmessen und in einem Topf mit Sirupzucker verrühren. Langsam erhitzen bis 80 °C und diese Temperatur mindestens 4 Minuten halten, dabei gelegentlich umrühren. Anschließend den Sirup in vorbereitete saubere Flaschen abfüllen, gut verschließen und einige Minuten hinlegen. Zum Auskühlen die Flaschen wieder aufstellen. Dieser kräftig rote, aromatische und sehr fruchtige Sirup kann je nach Geschmack 1:7 verdünnt werden.

PRAXISTIPP

Dieser intensiv rote Sirup eignet sich besonders gut zum Dekorieren oder Verfeinern in der Dessert-Küche.

KORNELKIRSCHEN-LIKÖR

Ein aromatischer Likör mit wunderschöner Farbe

1.500 ml Korn, 38 Vol.-%
2 kg reife Kornelkirschen
4 Nelken
kleines Stück Zimtrinde
500 ml Wasser
100 g Zucker

Kornelkirschen gut waschen und verlesen, dabei die Stängel entfernen. Die sauberen und abgetropften Kornelkirschen in ein Ansatzgefäß (etwa 5 l Inhalt) geben und mit Korn übergießen. Nelken und Zimtrinde in das Gefäß dazugeben und gut verschließen. Der Ansatz soll nun an einem hellen, aber nicht sonnigen warmen Platz 4–5 Wochen ziehen. Während dieser Zeit einige Male schütteln. Der Ansatz färbt sich nach einigen Tagen schon kräftig rot.

Nun kann man den Ansatz abseihen, dabei die Kornelkirschen nicht wegwerfen. Wasser und Zucker in einen Topf geben, aufkochen und 5 Minuten kochen lassen. Anschließend auf Zimmertemperatur abkühlen. Das Zuckerwasser mit der Kornelkirschen-Essenz mischen und abschmecken. Wer es etwas süßer mag, kann nochmals Zucker und Wasser kochen und bis zum gewünschten Geschmack süßen. Der Likör kann nun in Flaschen abgefüllt werden.

PRAXISTIPP

Die übrig gebliebenen Kornelkirschen kann man entkernen, mixen und zur Pralinenherstellung verwenden. Der Liköransatz kann auch mit einem Stück Bio-Orangenschale aromatisiert werden. Bei der Zugabe von Gewürzen und Aromastoffen bitte sehr vorsichtig sein, der wunderbare Geschmack der Kornelkirschen sollte im Vordergrund bleiben.

KORNELKIRSCHEN-FRUCHTLEDER

1 kg Kornelkirschen
500 g Feinkristallzucker
Feinkristallzucker zum Wälzen

Kornelkirschen verlesen, waschen und entkernen. Die entkernten Früchte in einem großen Topf mit Zucker vermengen und ziehen lassen (1). Nach etwa 2–3 Stunden hat sich Fruchtsaft gebildet und die Masse wird unter regelmäßigem Rühren langsam erhitzt. Mit einem Pürierstab die Fruchtmasse nun fein pürieren und unter Rühren aufkochen. Danach den Topf vom Herd nehmen und etwas abkühlen lassen. Die Fruchtmasse ca. 3 mm gleichmäßig dick auf eine Dörrfolie oder Dauerbackfolie streichen (2) und bei 40–45 °C im Dörrapparat etwa 15–18 Stunden dörren. Das Fruchtleder ist fertig, wenn es sich leicht von der Folie abziehen lässt und elastisch ist. Anschließend das Fruchtleder in kleine Quadrate schneiden, in Feinkristallzucker wälzen (3) und luftdicht aufbewahren.

PRAXISTIPP

Die ganze Fruchtlederplatte kann in Feinkristallzucker gewälzt und zusammengerollt als Geschenk verpackt werden.

KORNELKIRSCHEN-PRALINEN

300 g gedörrte Kornelkirschen
200 g Rohmarzipan
3 TL Kornelkirschen-Likör
100 g Staubzucker

Gedörrte Kornelkirschen z. B. mittels Fleischwolfs (kleine Scheibe) zerkleinern oder mit einem Messer ganz klein hacken. Kornelkirschen, Rohmarzipan und Staubzucker sowie die restlichen Zutaten miteinander vermengen und gut verkneten. Aus der Masse kleine Kugeln formen, einen Teil davon in Staubzucker wälzen, den anderen Teil mit dunkler Kuvertüre überziehen und in gemahlenen Kürbiskernen oder Kokosraspeln wälzen. Alle Pralinen anschließend in Pralinenförmchen setzen. Luftdicht verschlossen aufbewahrt, sind die Pralinen 3–4 Monate haltbar.

PRAXISTIPP

Der kräftige Geschmack der Kornelkirschen kann abgemildert werden, wenn man einen Teil durch Rosinen ersetzt und diese ebenfalls mit zerkleinert.

DIRNDL-OLIVEN

2.000 g Kornelkirschen, unreif
Olivenöl
Kräuter (Oregano, Rosmarin, Thymian, Olivenkraut)
Knoblauch
Pfefferoni

Für die Salzlösung
700 g Salz
2.000 ml Wasser

Kornelkirschen unreif ernten, wenn die Früchte beginnen, sich rot zu färben (1). Die Früchte waschen, gut abtropfen lassen und in ein großes Glas oder eine Schüssel geben (2). Eine gesättigte Salzlösung aus Salz und Wasser bereiten, dabei das Salz im Wasser so lange rühren, bis es sich vollständig aufgelöst hat. Dies erfordert ein wenig Geduld! Die gesättigte Salzlösung über die Früchte gießen, wobei die Salzlösung etwa doppelt so hoch im Glas sein muss wie die Früchte. Die schwimmenden Früchte mit einem Teller beschweren. Nach ca. 10–14 Tagen sind alle Früchte zu Boden gesunken.

Die Salzlösung abgießen und die Früchte mehrmals sehr gründlich mit kaltem Wasser spülen. Anschließend gut abtropfen und übertrocknen lassen. Frische Kräuter nach Wahl zerkleinern, Knoblauch in Scheiben schneiden, evtl. Pfefferoni mit den abgetropften Früchten vermengen und in saubere Schraubgläser schichten (3 & 4). Mit gutem Olivenöl auffüllen, sodass das Öl die Früchte komplett bedeckt, und verschließen (5). Dirndl-Oliven einige Wochen dunkel und kühl reifen lassen, dann wie echte Oliven verwenden (6).

PRAXISTIPP

Dirndl-Oliven sind, sofern sie immer gut mit Olivenöl bedeckt sind und richtig gelagert werden, 1–2 Jahre haltbar. Wir verwenden am liebsten Olivenkraut (*Santolina viridis*) zum Aromatisieren der Dirndl-Oliven, weil die dekorative Pflanze intensiv nach Oliven duftet und durch den hohen Gehalt an Harz im Öl auch nach langer Zeit noch ansehnlich aussieht.

KORNELKIRSCHEN, KANDIERT

Kornelkirschen eignen sich besonders gut zum Kandieren. Der intensive Geschmack und die schöne rote Farbe bleiben durch das Kandieren gut erhalten. Der Vorgang ist etwas zeitaufwändig, lohnt sich aber!

1.000 g Kornelkirschen
1.000 ml Wasser
1.000 ml Zucker

Die reifen, aber noch nicht weichen Kornelkirschen gut waschen und abtropfen lassen. Mit einem Kirschen- oder Oliven-Entkerner die Kornelkirschen entkernen.

Wasser und Zucker in einen großen Topf geben, langsam aufkochen und so lange kochen, bis die Zuckerlösung Fäden zieht. Am ersten Tag die Zuckerlösung auf 25 °C abkühlen lassen, dann die Kornelkirschen mit einem Sieb in den Topf hängen, wobei die Kornelkirschen unbedingt vollständig mit Zuckerlösung bedeckt sein müssen. Eventuell mit einem Teller beschweren.

Am 2. Tag werden die Kornelkirschen im Sieb aus der Zuckerlösung gehoben und über eine Schüssel zum Abtropfen gehängt. Die Lösung wieder aufkochen, diesmal auf 40 °C abkühlen lassen und die Kornelkirschen im Sieb wieder in die Zuckerlösung hängen.

Am 3. Tag, wie am Vortag, wieder abtropfen lassen, die Zuckerlösung aufkochen, nur auf 80 °C abkühlen lassen und das Sieb wieder für die nächsten 24 Stunden, vollständig bedeckt, in der Zuckerlösung ziehen lassen.

Am 4. Tag dieselben Schritte, allerdings diesmal die Kornelkirschen mit dem Sieb in die kochend heiße Zuckerlösung geben und abermals 24 Stunden darin ziehen lassen.

Am 5. Tag die Kornelkirschen kurz – etwa eine halbe Minute lang – in der Zuckerlösung kochen. Danach aus der Zuckerlösung nehmen, auf ein Abtropfgitter abtropfen und vollständig trocknen lassen, was noch 2–3 Tage in Anspruch nimmt.

(1): Kornelkirschen, entkernt
(2): Kornelkirschen, entkernt und gedörrt
(3 & 4): Als Beilage zu Fischgerichten
(5): Zum Dörren vorbereitet

PRAXISTIPP

Achten Sie darauf, dass die Früchte während des Kandier-Vorganges immer vollständig mit der Zuckerlösung bedeckt sind. Die kandierten Kornelkirschen nach dem Trocknen in ein Glas geben und gut verschließen. Vor Feuchtigkeit, Wärme und Licht geschützt aufbewahren. Hat man alles sorgfältig und richtig gemacht, halten die kandierten Kornelkirschen über zwei Jahre ohne nennenswerte Geschmackseinbußen.

KRIECHERL, ZIBARTE *(Prunus domestica ssp. insititia,* ROSENGEWÄCHSE)

Meist kleiner Baum mit weißer Blüte und kugeligen, blauen oder grünlich gelben bereiften Früchten, die sich schwer vom Kern lösen, mit zwetschkenähnlichem Geschmack mit Marzipan-Note

Wuchsform: Großstrauch bis Kleinbaum
Verwendung: Frischverzehr, Verarbeitungsfrüchte

Pflanzenportrait

Kriecherln unterscheiden sich von den Kirschpflaumen vor allem durch die Bildung von Wurzelausläufern. Ihre Zweige können leicht bedornt sein. Weiters unterscheiden sich Kriecherln von den Kirschpflaumen durch die stumpf graugefärbten neuen Triebe, die bei der Kirschpflaume immer (!) eine glatte grüne oder braunrote Rinde aufweisen.

Zur Gruppe der Kriecherln und Zibarten zählen auch die Haferschlehen, St. Julien-Pflaume und weitere lokale Formen dieser mit den Zwetschken nahe verwandten Arten bzw. Unterarten. Sie sind auch mit der Schlehe nahe verwandt.

Sie sind in Europa weit verbreitet und vor allem in alten Bauerngärten oder in Landschaftshecken etc. anzutreffen. Kriecherln und deren Verwandte sind baumartige Sträucher von mittelstarkem Wuchs, die 3–4 (–7) m hoch werden. Ihre Blätter sind auf der Unterseite sowie an den Blattstielen leicht behaart und am Rand fein gesägt. Ihre weißen, selbstfruchtbaren (!) Blüten erscheinen im April, die Früchte reifen ab September bis Oktober.

Standort, Verwendung im Garten

Kriecherlbäume sind sehr anspruchslos und sind auch noch für kältere Regionen geeignet. Man kann sie noch bis in Seehöhen von 1.200 m antreffen. Sie stellen keinerlei Ansprüche an den Boden, der Standort sollte sonnig bis halbschattig sein. Im Hausgarten werden Kriecherln meist in Hecken oder am Rande der Gärten gepflanzt, natürlich kann man ein Kriecherl wegen der schönen Blüte und des reichen Fruchtschmucks auch als Solitärbaum einplanen.

Allgemeines

Die genaue botanische Zuordnung der Kriecherl-Verwandten ist äußerst schwierig und teilweise umstritten.

Kriecherln und Zibarten sind bereits seit der Jungsteinzeit unverändert erhalten geblieben. Man hat die Samen dieser Pflanzen in steinzeitlichen Pfahlbaudörfern am Bodensee gefunden.

Weil Kriecherln und Zibarten etc. durch Wurzelausläufer im Garten etwas lästig werden könnten, werden diese Obstsorten vorwiegend als veredelte Bäume angeboten.

Sie lassen sich auch durch Wurzelausläufer vermehren. Meist werden aber Veredelungen auf Sämlinge, Zwetschken-Unterlagen oder Myrabolanen angeboten.

Ähnlich wie bei Zwetschken können Pflaumengespinstmotten und Sägewespen auftreten. Durch die Pfirsichblattlaus kann das Scharka-Virus übertragen werden.

© C. Bisich

© G. Innerhofer

Kriecherln sind auch wertvolle Nektar- und Pollenspender für verschiedene Insektenarten. Sie dienen auch als Vogelschutz- und Windschutzgehölz.

Es gibt diverse Projekte zur Erhaltung lokaler Kriecherl-Sorten. Zum Beispiel gibt es im Waldviertel eine Kriecherl-Initiative: den Verein „Waldviertler Kriecherl". Beworben wird das Kriecherl, das gelb gefärbt ist wie die Spänlinge (die meisten Kriecherl sind blau). Neben Edelbränden werden daraus Marmelade und Fruchtnektar mit besonders intensivem Aroma hergestellt. Neben Produktions- und Verarbeitungsgemeinschaften hat sich der Verein auch landeskulturelle und naturschutzfachliche Aspekte zum Ziel gesetzt. So gibt es zum Beispiel die „Genussregion Waldviertler Kriecherl", einen Kriecherl-Kirtag in Schönberg sowie einen Tag der Offenen Tür in den zum Verein gehörenden Edelbrennereien mit dem Titel: „Kriecherl brennt".

Gesundheitliche Wirkung

Das fette bzw. ätherische Öl aus den Samen wird für kosmetische Produkte verwendet. Diese sind hautpflegend und machen sie geschmeidig.

Der Ölgehalt der Samen liegt bei 40–42 % des Samengewichtes. Das Öl flockt bei ungefähr –5 °C aus und wird bei –8 °C fest. Es wird als hochwertiges Speiseöl und vor allem in der „Grünen" Kosmetik verwendet.

Früchte

Kriecherl- und Zibartenbäume produzieren fast immer große Mengen an Früchten. Die rundlichen Früchte der Kriecherln etc. werden etwa 1,7–3,2 cm groß, erreichen ein Fruchtgewicht von 6–10 g und sind schlecht kernlösend. Sie können blau (Haferschlehe, Steirisches Kriacherl (2), Zibarte blau (4)), grünlich gelb (Waldviertler Kriecherl (1), Zibarte gelb (3)) oder rötlich (Wein-Kriecherl der Leiser Berge, NÖ) sein. Roh schmecken sie zwetschkenähnlich, süßsäuerlich bis mitunter sauer.

Zibarten reifen im Spätsommer. Die unreifen Früchte der Zibarten haben einen hohen Gerbstoffgehalt, der sich aber nach den ersten Nachtfrösten abbaut. Die Früchte schmecken dann säuerlich, ohne bitteren Nachgeschmack und sind nicht mehr adstringierend.

Empfehlenswerte Sorten

Das 'Steirische Kriacherl' ist eine Selektion mit mittelgroßen intensiv blau gefärbten Früchten mit gutem Geschmack. Erträge von bis zu 30 kg können pro Baum produziert werden. Das 'Waldviertler Kriecherl' hat grünlich gelbe, stark bereifte Früchte mit ausgezeichnetem aromatischem Geschmack.

Auch die 'Gelbe Zibarte' und die 'Blaue Zibarte' sind interessante Kriecherl-Verwandte, die vorwiegend zum Schnapsbrennen verwendet werden.

Ernte & Lagerung

Die Früchte sind vollreif und aromatisch, wenn sie vom Baum fallen. Man kann sie händisch pflücken oder von den Bäumen schütteln. Reife Früchte müssen sogleich verarbeitet werden. Tiefgefrieren ist möglich.

Verarbeitung der Früchte

Die Früchte können zu Marmelade verarbeitet werden. Dabei können die Rezepte von der Kirschpflaume, siehe S. 90 f., übernommen werden. Auch Fruchtnektar wird daraus hergestellt. Das Hauptprodukt ist jedoch der Kriecherl-Schnaps.

MAHONIE *(Mahonia aquifolium,* BERBERITZENGEWÄCHSE)

Kleiner immergrüner Strauch mit stark bedornten, ledrigen Blättern, gelben Blütenrispen und kugeligen schwarzen, blau bereiften Früchten mit stark färbendem Saft

Wuchsform: Kleinstrauch bis Normalstrauch
Verwendung: Verarbeitungsfrüchte

Pflanzenportrait

Die Gewöhnliche Mahonie ist im westlichen Nordamerika beheimatet, sie wächst auf mäßig feuchten, nährstoffreichen Böden im Unterwuchs der Wälder. In Europa sind Mahonien teilweise verwildert.

Mahonien sind etwa 1,5 m hohe, wenige Ausläufer treibende Sträucher. Ihre immergrünen, dornig gezähnten Blätter sind wechselständig angeordnet, unpaarig gefiedert und oberseits stark glänzend. Sie können sich im Winter violettbraun verfärben. Das Holz der Triebe und Wurzeln ist auffällig gelb gefärbt.

Im April/Mai öffnen sich die 0,6–1,0 cm großen duftenden goldgelben Blüten. Sie stehen in vielblütigen rispenartigen Trauben am Ende der Triebe. Sie sind selbstfruchtbar und werden von Insekten bestäubt. Die Beeren reifen ab August/September und haften bis in den Winter hinein an den Sträuchern.

Standort, Verwendung im Garten

Mahonien sind eigentlich als Ziersträucher für den Garten besonders für schattige Bereiche oder unter Bäumen bekannt. Allerdings können die Früchte auch verwertet werden. Mahonien sind anpassungsfähig an den Boden und können auch an sonnigen Standorten verwendet werden.

Allgemeines

Aufgrund der guten Haltbarkeit werden die Blätter bzw. beblätterte Triebe auch in der Floristik gerne verwendet.

Sie lassen sich durch Samen, Sorten durch Stecklinge im Spätsommer vermehren.

Schnittmaßnahmen sind nicht notwendig. Muss man die Pflanzen doch einmal schneiden, dann regenerieren sie sich nach kräftigem Rückschnitt wieder gut.

Gelegentlich kann Mehltau auftreten, selten auch Rost, Probleme stellen diese aber keine dar.

Die Rinde und Wurzeln der Mahonie enthalten das schwach giftige Alkaloid (!) Berberin (gelber Farbstoff) sowie Oxyberin und Bervulin.

Mahonien sind gute Bienenweiden und Vogelnährgehölze.

Gesundheitliche Wirkung

Mahonien wurden von den Ureinwohnern Nordamerikas traditionell als Heilpflanze genutzt. In geringen Mengen wirken die Früchte als sanftes Abführmittel.

Berberin scheint für eine Reihe medizinischer Anwendungen ein weitergehendes pharmakologisches Potential zu besitzen. Unter anderem soll es blutdrucksenkend, Bilirubin-Sekretion steigernd, entzündungshemmend und nierenstärkend wirken. Tee aus der Wurzel und Rinde soll gegen Verdauungsbeschwerden helfen. Halsschmerzen soll dieser Tee mildern, wenn man damit gurgelt. Eine Salbe aus der Wurzelrinde soll sich bei Haarschuppen und Schuppenflechte, möglicherweise auch bei Akne positiv auswirken.

In der Homöopathie wird die Mahonie als Hautmittel mit den Leitsymptomen gerötete, entzündete, schuppige Haut, Trockenheit und Juckreiz der Haut, Hauteinrisse, die schlecht heilen, unreine Haut, Mitesser und Akne eingesetzt.

Früchte

Die Früchte der Mahonien sind etwa 1 cm dicke, kugelige bis ovale schwarze Beeren mit hellblauer Bereifung. Das Fruchtfleisch ist saftig und enthält einen stark färbenden dunkelpurpurnen Saft. Mahonien-Beeren enthalten neben Zucker (98 g/l) noch Fruchtsäuren (49 g/l) sowie Vitamin C und Mineralstoffe.

Die Beeren sind zwar nicht giftig, aber der Verzehr größerer Mengen roher Beeren kann zu Magenverstimmungen führen.

Empfehlenswerte Sorten

'Jupiter' und 'Mirena' sind ertragreiche Fruchtsorten, letztere ist überdies widerstandsfähig gegenüber Mehltau und Rost. 'Pamina' ist eine Hybride zwischen *Mahonia aquifolium* und *Mahonia repens*. Sie wird nur 0,8 m hoch, entwickelt Ausläufer und zeichnet sich durch gute Winterhärte und hohe Krankheitsresistenz aus.

Auch die Früchte der stark- und aufrecht wachsenden Japanischen Mahonie (*Mahonia japonica*) und deren Hybriden sind verwertbar, beide Arten sind aber etwas winterfrostempfindlich.

Ernte & Lagerung

Mahonien blühen im Mai, die blauen bereiften Beeren sind von der zweiten Julihälfte bis August erntereif. Bei der Ernte können die bedornten Blattränder stören, die Früchte lösen sich aber gut von den Stängeln. Nur reife Mahonien-Beeren ernten, da unreife Beeren Vergiftungssymptome hervorrufen können.

Mahonien-Beeren kann man im Kühlschrank mindestens eine Woche lagern, besser ist jedoch eine rasche Verarbeitung. Die Beeren lassen sich gut tiefgefrieren. Wir frieren, sofern wir genug Beeren zur Verfügung haben, das entkernte Fruchtmus ein. Bei Bedarf kann man daraus zeitsparend einige gute Rezepte zubereiten.

Verarbeitung der Früchte

Die Früchte des Mahonien-Strauches lassen sich sehr gut zu Gelee, Saft und Kompott verarbeiten. Durch den tief-purpurroten Saft kann man überaus schöne Effekte in der Verarbeitung erzielen.

Die Beeren können im Dampfentsafter oder einfach durch Weichkochen in wenig Wasser und anschließendes Abseihen mittels Baumwolltuch entsaftet werden. Wichtig ist, dass die schwach giftigen Samen entfernt werden. Auch die Passiermühle (Flotte Lotte) entfernt die Samen mit der kleinen Lochscheibe verlässlich.

Der Saft ist färbend und sehr sauer (ähnlich der Berberitze) und kann daher nach Geschmack gesüßt werden.

Rezepte

MAHONIEN-APFEL-MARMELADE

400 mg Mahonien-Beeren
200 mg Äpfel
6 EL Apfelsaft oder Wasser
300 mg Gelierzucker 2:1

Die Äpfel entkernen und in dünne Spalten oder in kleine Stücke schneiden. Die Beeren verlesen, waschen und zusammen mit den Äpfeln in einem Topf mit etwa 6 EL Apfelsaft oder Wasser zugedeckt weichdünsten. Dabei gelegentlich umrühren. Sind die Früchte nach ca. 15–20 Minuten weich, werden die Kerne mittels eines Passiergerätes (Flotte Lotte) entfernt. Das Fruchtmus nun in einem geeigneten Topf mit dem Gelierzucker gut verrühren, langsam erhitzen und unter regelmäßigem Rühren zum Kochen bringen. Nach 3 Minuten Kochzeit die Marmelade in vorbereitete saubere Gläser füllen und sofort gut verschließen.

PRAXISTIPP

Hat man nicht viele Beeren zur Verfügung, kann man das Verhältnis Beeren zu Äpfeln ändern oder mit anderen Früchten kombinieren. Wir bevorzugen den sauren Eigengeschmack der Beeren in der Marmelade. Wer es lieber süßer mag, kann Gelierzucker 1:1 verwenden.

MAHONIEN-GELEE

200 ml Mahoniensaft
300 ml Apfelsaft
300 mg Gelierzucker 2:1

Mahonien- und Apfelsaft in einem geeigneten Topf gemeinsam mit dem Gelierzucker verrühren. Alles zusammen langsam erhitzen und zum Kochen bringen. Nach 3 Minuten Kochzeit und erfolgreicher Gelierprobe das Gelee in vorbereitete saubere Gläser füllen und sofort verschließen.

PRAXISTIPP

Das herb-säuerliche Gelee kann man durch Zugabe von Kräutern und Gewürzen, wie Sternanis, Chili, Vanille, Minze etc., nach Belieben verändern.

MAULBEERE (*Morus alba*, MAULBEERGEWÄCHSE)

Wärmeliebender mittelgroßer Baum mit weißen oder schwarzen süßen, jedoch etwas fade schmeckenden Früchten, die Ende Juni reifen und frisch verzehrt werden können bzw. sich gut trocknen lassen.

Wuchsform: Mittelgroßer Baum
Verwendung: Frischverzehr, Verarbeitungsfrüchte

'Illinois Everbearing'

Pflanzenportrait

Die bei uns als Fruchtsorten bekannten Maulbeeren stammen ursprünglich aus Ost-Asien. Sie sind sehr raschwüchsig und entwickeln sich zu mittelgroßen, 8–10 m hohen Bäumen mit einem Kronendurchmesser von 4–6 m. Maulbeerbäume wachsen mitunter auch nur strauchförmig oder entwickeln sich zu mehrstämmigen Bäumen.

Im Holz, den Blättern und Früchten des Maulbeerbaumes ist ein klebriger weißer Milchsaft enthalten, welcher beim Schnitt oder bei Verletzungen austritt. Die wechselständig angeordneten, herzförmigen Blätter sind 8–15 cm lang und bis zu 15 cm breit. Sie können ungeteilt und/oder (1–3-lappig) gelappt sein, dies trifft besonders auf die Jugendblätter zu. Im Herbst sind sie leuchtend gelb gefärbt. Interessanterweise können die Blüten des Maulbeerbaumes ein- bis zweihäusig sein, sie erscheinen in hängenden Kätzchen. Männliche und weibliche Blütenkätzchen sind getrennt, befinden sich aber auf demselben Baum. Die Früchte sind brombeerartige Scheinbeeren, die ab Ende Juni bis Juli reifen und dann abfallen.

Standort, Verwendung im Garten

Maulbeerbäume zählen zu den wärmeliebenden Gehölzen, die vollsonnige Standorte und stark kalkhaltige, durchlässige Böden bevorzugen. Sie können in Gebieten mit Weinbauklima in großen Gärten als Strukturbäume Verwendung finden. Allerdings ist zu beachten, dass im Frühsommer Massen von stark färbenden Früchten abfallen und darunter zu Verschmutzungen führen. Auch für hohe freiwachsende Hecken könnte man die Maulbeere verwenden, sie vertragen einen Rückschnitt recht gut. Junge Pflanzen sollten im Winter eventuell mit Vlies geschützt werden.

Allgemeines

Maulbeer-Früchte werden auch als Superfood bezeichnet.

Der Weiße Maulbeerbaum ist von China bis Korea und im Himalaja-Gebiet heimisch und wird dort vermutlich bereits seit 4.500 Jahren kultiviert. Seit 500 n. Chr. ist er in Griechenland und seit dem 12. Jh. in Sizilien nachgewiesen. Seit 1700 wird er auch in Mitteleuropa zur Gewinnung der Blätter für die Seidenraupenzucht kultiviert.

Die Bäume können ein Alter von 150 bis 200 Jahren erreichen.

Mitunter können einzelne Bäume ihr Geschlecht ändern!

Eine Samenvermehrung ist möglich, dazu muss man die Samen für einige Wochen in feuchtem Sand bei Temperaturen um +/–0 °C lagern und dann bei 20 °C Bodentemperatur aussäen. Es lassen sich die Sorten auch mittels Grünstecklinge im Sommer bewurzeln, Veredelungen sind ebenfalls möglich.

Schnittmaßnahmen sind an sich nicht nötig, allerdings vertragen Maulbeerbäume einen Schnitt zwecks Regulierung von Wuchsform und Größe recht gut.

Maulbeeren werden kaum von Krankheiten und Schädlingen befallen. Mitunter können Vögel die süßen Früchte fressen.

Gesundheitliche Wirkung

Bereits seit der Antike bis zu Hildegard von Bingen wird dem Tee aus Blättern, dem Saft und dem Sirup des Maulbeerbaumes eine heilende Wirkung zugeschrieben. In der Volksheilkunde sollen diese Produkte vor Entzündungen schützen. Auch bei Fieber, Husten und Halsschmerzen sollen sie wegen der schleimlösenden Wirkung Linderung bringen. Bei Verdauungsstörungen sollen sie Besserung bringen und

das Herz- und Kreislaufsystem stärken. In Korea wird heute Tee aus Blättern und jungen Zweigen als gesundheitsfördernde Droge gehandelt. Man sagt, dass sie Bluthochdruck senken, die Blutgefäße schützen sowie Schlaganfällen und Herzinfarkten vorbeugen sollen. Die Früchte sollen auch den Blutzuckerhaushalt positiv beeinflussen.

Der Maulbeerbaum hat als Heilpflanze bereits eine sehr lange Tradition. In der chinesischen Volksmedizin ist er bereits seit 5.000 Jahren bekannt. Hierbei wird ein Sud aus den Blättern gegen Fieber und Erkältungen, aber auch zum Erhalt der jugendlichen Haut und der dunklen Haare eingesetzt. Neue wissenschaftliche Untersuchungen haben dazu geführt, dass die FAO, die Food and Agricultural Organisation der UNO, Maulbeerblätter auf Grund ihrer wertvollen Inhaltstoffe sogar als sehr wertvolle Nahrung für Kühe und andere Wiederkäuer eingestuft hat.

Neben einem sehr hohen Gehalt an Proteinen und Calcium finden sich sowohl die Nährstoffe Eisen, Natrium, Kalium, Carotin, Vitamin A, Vitamin B_1, B_2, B_3 und Vitamin C als auch die Spurenelemente Zink, Kupfer, Bor, Mangan, Fluor und Phosphor.

Früchte

Die Früchte des Weißen Maulbeerbaumes sind gestielt und meist weiß, rosa, lila bis schwach rötlich oder dunkelrot bis schwarzviolett oder schwarz. Meist werden die Maulbeerbäume mit schwarzen Früchten fälschlicherweise als Schwarze Maulbeere (*Morus nigra*) angesprochen. Letztere ist jedoch eine eigene Art, die große, sehr würzig-süß schmeckende Früchte hervorbringt.

Die Früchte des Maulbeerbaumes sind brombeerartige Scheinbeeren, botanisch betrachtet Sammelnussfrüchte. Sie sind 1,5–2,5 cm lang, Fruchtsorten bringen auch wesentlich größere Früchte (bis 4,5 cm) hervor. Sie reifen ab Ende Juni bis Juli und fallen in großer Anzahl von den Bäumen. Zur Ernte kann man Netze oder feinmaschige Tücher unterbreiten. Die Früchte besitzen einen stark färbenden Saft.

An Inhaltstoffen sind Kohlenhydrate (10 g/100 g), Vitamin C (6–35 mg/100 g) und Vitamin A sowie Vitamin B_6, Fruchtsäuren, Mineralstoffe, Pektin und Ballaststoffe (1,7 g/100 g) erwähnenswert. Die Samen enthalten Eiweiß und Öl.

Empfehlenswerte Sorten

In den Baumschulen werden vorwiegend Maulbeerbäume ohne Sortenbezeichnung angeboten, die entweder weiße oder schwarze Früchte tragen. 'Constantinopolitana' ist eine Türkische Weiße Maulbeere, die stark gedrungen wächst und bis 5 cm lange Früchte bildet, die zuerst gelblich, zur Vollreife dunkel- bis schwarzrot gefärbt sind. 'Multicaulis' ist eine strauchförmig wachsende chinesische Sorte, die 5–6 m groß wird, 8–25 cm große Blätter und 4 cm lange Früchte hervorbringt, die sich zur Reifezeit von Weiß über Rot bis Schwarz färben. 'Emmanuelle' ist eine robuste Sorte mit kräftigem Wuchs und 2,5–3 cm großen, sehr süßen und schmackhaften Früchten. 'Illinois Everbearing' wird als eine der besten Sorten gehandelt. Es ist eine Kreuzung der weißen (*Morus alba*) mit der amerikanischen Roten Maulbeere (*Morus rubra*). Sie ist sehr frosthart, gut schnittverträglich und überreich fruchtend. Ihre sehr schmackhaften, harmonisch süß-säuerlichen Früchte werden 4 cm lang und sind dunkelrot-schwarz und fast samenlos. Sie fruchtet über einen sehr langen Zeitraum von Juni bis in den August hinein.

Die echte Schwarze Maulbeere (*Morus nigra*) ist noch wesentlich wärmeliebender und außerhalb des Weinbauklimas nicht ausreichend winterhart. Ihre Früchte sind groß, schmecken würzig-süß und sind stark färbend. Man erhält sie nur in Spezialbetrieben.

Ernte & Lagerung

Die Haupternte für Maulbeeren, je nach Sorte, ist von Anfang Juli bis September. Die Früchte sind reif, wenn sie sich leicht von den Stielen lösen. Sie fallen dann massenhaft von den Bäumen. Deshalb ist es sinnvoll, zur Fruchtreife darunter Planen oder feinmaschige Netze aufzulegen. Solange die Bäume noch jung sind, kann man die Früchte auch händisch ernten. Die Früchte der Sorte 'Illinois Everbearing' reifen sukzessive über mehrere Wochen hindurch, deshalb sollten sie regelmäßig abgeerntet werden.

Morus nigra

Sie sollten nach der Ernte unverzüglich verarbeitet werden, denn sie sind nur wenige Tage im Kühlschrank haltbar und neigen zu Schimmelbildung.

HINWEIS

Die Früchte der Maulbeere besitzen einen sehr stark färbenden Saft, deshalb ist es vorteilhaft, bei der Ernte eher alte Kleidung und Handschuhe zu tragen.

Verarbeitung der Früchte

Vorsicht ist bei der Verarbeitung durch den stark färbenden Saft der dunklen Früchte geboten. Weiße Früchte schmecken meist etwas süßer, die schwarzen Früchte sind insgesamt aber aromatischer und daher besser für die Herstellung von Marmeladen und Chutneys geeignet. Weiße Maulbeeren schmecken getrocknet sehr gut und finden Verwendung als Rosinenersatz. Da Maulbeeren nicht viel Fruchtsäure enthalten, sollte für einen ausgewogenen Geschmack Zitronensaft zugesetzt werden. Wir verwenden auch hier unsere Zitronenquitten, welche als Mus der Marmelade zugefügt werden und auch gleich die Gelierfähigkeit gewährleisten.

Rezepte

MAULBEER-MARMELADE

800 g Maulbeeren (schwarze Früchte)
200 g Zitronenquitten-Mus
500 g Gelierzucker 2:1

Die Maulbeeren entstielen, verlesen und mit Zitronenquitten-Mus sowie Gelierzucker in einen geeigneten Topf geben und einige Stunden zugedeckt ziehen lassen, bis sich ausreichend Fruchtsaft gebildet hat. Die Zutaten gut verrühren und langsam, unter regelmäßigem Rühren erhitzen. Die Fruchtmasse zum Kochen bringen und 4 Minuten kochen lassen, damit die Beeren gut weich sind. Wer die Marmelade feiner und sämiger mag, kann die heiße Masse mit einem Stabmixer bis zur gewünschten Konsistenz mixen. Nach dem Ende der Kochzeit die Marmelade heiß in vorbereitete saubere Gläser abfüllen und sofort fest verschließen.

PRAXISTIPP

Bei der Verarbeitung unbedingt Einweghandschuhe verwenden und die Kleidung vor dem färbenden Saft der Maulbeeren schützen.

MAULBEEREN, GETROCKNET

1.000 g Maulbeeren

Die Maulbeeren sorgfältig verlesen und entstielen, bei Bedarf waschen und sorgfältig schütteln oder abtupfen. Verwenden Sie zum Trocknen nur gesunde, reife Früchte ohne Schäden.

Die Früchte werden auf ein Gitter im Backofen oder im Dörrgerät einzeln aufgelegt. Im Backofen bei 50 °C Umluft und leicht geöffneter Backofentür (eingeklemmter Kochlöffel) dauert der Trocknungsvorgang je nach Größe und Saftgehalt der Früchte etwa 10–15 Stunden. Im Dörrgerät eventuell etwas kürzer.

Die getrockneten Früchte sind sehr lange haltbar, wenn sie vollständig getrocknet und luftdicht und vor Sonne geschützt gelagert werden.

Einige Maulbeeren trocknen wir samt Stiel, um sie später mit Schokolade (Kuvertüre) zu überziehen. So kann man diese herrliche Leckerei gut am Stiel anfassen und genießen.

PRAXISTIPP

Die Früchte der weißen Maulbeeren sind weniger saftig und eignen sich deshalb besser zum Trocknen.

MAULBEER-SIRUP

Wer eine Fülle an Früchten zur Verfügung hat, kann daraus einen aromatischen Sirup herstellen.

1.500 ml Maulbeersaft
1.000 g Sirupzucker für Früchte

Maulbeeren waschen, abtropfen lassen und verlesen. Anschließend die Früchte mittels Dampfentsafter entsaften. Wer keinen Dampfentsafter zur Verfügung hat, kann die Früchte mit etwas Wasser in einem großen Topf erhitzen, bis die Beeren platzen, und den Fruchtsaft durch ein Sieb oder ein Mulltuch abseihen. Den gewonnenen Saft abmessen.

Den Maulbeersaft mit dem Sirupzucker in einem geeigneten Topf verrühren und langsam, unter Temperaturkontrolle auf 85 °C erhitzen. Diese Temperatur sollte für etwa 3 Minuten gehalten werden, anschließend gleich in vorbereitete hitzebeständige und saubere Flaschen abfüllen und sofort verschließen. Die Flaschen einige Minuten hinlegen, dadurch wird auch der Verschluss keimfrei und garantiert längere Haltbarkeit. Zum Abkühlen die Flaschen wieder aufstellen.

PRAXISTIPP

Statt Sirupzucker kann auch Feinkristallzucker verwendet werden, als Säuerungsmittel kann Zitronensaft zugefügt werden. Dem Sirupzucker für Früchte ist Pektinase zugefügt, was das Gelieren des Sirups in den Flaschen verhindert. Pektinasen werden durch Fermentation von Pilzkulturen hergestellt.

MEHLBEERE (*Sorbus aria*, ROSENGEWÄCHSE)

Anspruchsloser großer Strauch bis mittelgroßer Baum mit graufilzigen Blättern und roten, mehlig schmeckenden Früchten

Wuchsform: Großstrauch bis mittelgroßer Baum
Verwendung: Verarbeitungsfrüchte

Pflanzenportrait

Die Mehlbeere wird auch als Echte oder Gewöhnliche Mehlbeere bezeichnet. Sie ist in Europa und bis nach Nordafrika verbreitet. Sie kommt von der Hügelstufe bis in 2.000 m Seehöhe (in den Alpen) vor. Sie wächst oft nur als großer Strauch, meist entwickelt sie sich jedoch zu einem mittelgroßen, 6–15 m hohen Baum.

Ihre wechselständigen, oberseits dunkelgrün glänzenden und unterseits dicht weißfilzigen Blätter sind recht charakteristisch.

Etwa 1,5 cm breite weiße Blüten sitzen in endständigen, 5–8 cm breiten Trugdolden. Sie sind selbstfruchtbar und öffnen sich von Mai bis Juni. Ihre kugeligen roten Früchte reifen im Oktober und bleiben bis in den Winter hinein am Baum.

Standort, Verwendung im Garten

Die Mehlbeere ist eine sehr frostharte, dabei auch hitzeliebende und trockenheitstolerante Pflanzenart. Die anpassungsfähige Mehlbeere gedeiht auf mäßig frischen, durchlässigen Böden am besten, der Boden sollte leicht sauer bis stark kalkhaltig sein.

Sie ist für größere Gärten wegen ihres Habitus, des Blüten- und Fruchtschmuckes als Einzelbaum interessant, kann aber in der Strauchform für hohe Hecken und als Sichtschutz gute Dienste leisten. Die Mehlbeere wächst sowohl an sonnigen wie auch auf halbschattigen Standorten gut. Auch für höhere Lagen und kalte Regionen ist sie geeignet.

Allgemeines

In Notzeiten wurden die getrockneten Früchte zu Mehl für Brot verarbeitet und daraus das „Hutzelbrot“ gebacken.

Das Holz der Mehlbeere weist einen gelblich weißen Splint und einen rotbraunen Kern sowie eine schöne Maserung auf. Es wird deshalb gerne für Tischler- und Drechslerarbeiten verwendet.

Schnittmaßnahmen sind nicht notwendig, müssen die Pflanzen aus Platzgründen geschnitten werden, so wird dies aber gut vertragen.

Früchte, das Laub und dünne Zweige wurden als Futter für Kleinvieh verwendet und auch in der Schweinemast fanden die Früchte Verwendung.

Im Herbst schnitt man Zweige, weil man daraus eine schwarze Farbe zum Färben von Wolle herstellte.

Die Mehlbeere dient Vögeln und Insekten als gute Futterpflanze.

Die Mehlbeere zählt zu den Feuerbrand-Wirtspflanzen.

Gesundheitliche Wirkung

Aufgrund ihrer nahrhaften und medizinischen Eigenschaften werden Beeren einiger *Sorbus*-Arten in der traditionellen Medizin verwendet.

In der Volksmedizin findet man Verwendung der Früchte bei Durchfall, Husten und Katarrhen, der wissenschaftliche Nachweis dazu ist allerdings nicht gegeben.

Da in der Literatur Mehlbeere auch als Synonym für Weißdornfrüchte zu finden ist, kann es hier zu Verwechslungen kommen.

Früchte

Die Früchte der Mehlbeere können orange bis korallenrot gefärbt sein. Es sind kugelige bis apfelförmige Scheinfrüchte von 1–1,5 cm Größe, die im Oktober reifen. Im Gegensatz zu den Ebereschen aus derselben Gattung enthalten sie keine Parasorbinsäure (die für den bitteren Geschmack der Eberesche verantwortlich ist) und schmecken deshalb süßlich, aber eher fade.

An Inhaltstoffen finden sich Vitamin C, Provitamin A, Pektin und viel Zucker. Auch Sorbin-, Apfel- und Zitronensäure sind enthalten.

Die mehlig-fade schmeckenden Früchte werden nach Frosteinwirkung weich, süß und sind dann essbar.

Empfehlenswerte Sorten

Es sind keine Frucht-Sorten bekannt. Aber es werden Ziersorten wie ‘Majestica‘ (syn. ‘Decaisneana‘) angeboten, die sich durch breit kegelförmigen Wuchs und größere, orangerote Früchte von der Art unterscheiden.

Es gibt einige verwandte Arten und Hybriden, die aber selten angeboten werden.

Ernte & Lagerung

Die Ernte erfolgt durch Abpflücken per Hand. Man kann auch die ganzen Fruchtstände mit einer Baumschere abschneiden, darf dabei aber die darunterliegenden Knospen nicht beschädigen! Die kugeligen, korallenroten Früchte der Mehlbeere ähneln kleinen Äpfelchen. Die Fruchtdolden erinnern an ihre nahe Verwandte, die Vogelbeere. Im Oktober sind die Früchte reif, können aber bis in den Winter am Baum hängen bleiben. Der Geschmack der Früchte kann bei Wildformen sehr unterschiedlicher Qualität sein. Im Gegensatz zur Vogelbeere enthält die Mehlbeere keine Parasorbinsäure, sie schmeckt auch nicht bitter und ist deshalb auch für den Rohverzehr geeignet. Benötigt man nicht alle Früchte, sollte man sie für die Vögel am Baum hängen lassen.

Frische Mehlbeeren-Dolden kann man 1–2 Wochen im Kühlschrank lagern. Getrocknet und luftdicht verschlossen sind die Beeren länger als ein Jahr haltbar.

Verarbeitung der Früchte

Durch Frosteinwirkung werden die mehlig-fade und bitter schmeckenden Früchte weich und süß und können zu Kompott, Marmelade, Mus, Essig, Fruchtwein und Saft verarbeitet werden. Da die Früchte wenig Fruchtsäure enthalten, ist es ratsam, sie mit sauren Früchten, wie Johannisbeeren, Kornelkirschen, sauren Äpfeln oder Zitronenquitten, zu kombinieren. Aus den Blüten der Mehlbeere kann ein Gelee zubereitet werden.

Rezepte

MEHLBEEREN-KOMPOTT

1.000 g Mehlbeeren, abgerebelt
200 ml Apfelessig
400 ml Wasser
200 g Rohrzucker
3 Gewürznelken
1 TL Ingwer
1 Msp Piment
2 Kapseln Kardamom
1 TL Korianderkörner
Evtl. Sternanis

Apfelessig und Wasser in einen großen Topf geben, Zucker und Gewürze dazugeben und rühren, bis sich der Zucker aufgelöst hat. Alles zusammen aufkochen und 3 Minuten köcheln lassen. Nun die Gewürze entfernen und die Mehlbeeren in den heißen Sud geben und aufkochen. Nach einer Kochzeit von 3–4 Minuten sofort in vorbereitete saubere Gläser füllen und gut verschließen. Die Gläser für einige Minuten auf den Kopf stellen, zum Auskühlen wieder umdrehen.

PRAXISTIPP

Statt Apfelessig kann man auch Rotwein nehmen, wenn keine Kinder mitessen.

MEHLBEERENMARMELADE MIT ZITRONENQUITTE

500 g Mehlbeeren, abgerebelt
300 g Äpfel geschält, entkernt
200 g Zitronenquitten, entkernt
500 g Gelierzucker 2:1

Die Mehlbeeren waschen, verlesen und in 150 ml Wasser weich kochen, dabei gelegentlich umrühren. Die Äpfel waschen, schälen, vom Kerngehäuse befreien und in Achtelstücke schneiden. Große Äpfel in kleinere Stücke schneiden. Die Zitronenquitten waschen, vierteln, die Kerngehäuse entfernen und in kleine Stücke schneiden. Anschließend werden die weichen Mehlbeeren mit einem Passiergerät (Flotte Lotte) von den Kernen befreit.

Nun alle Früchte in einen großen Topf geben und mit etwas Wasser langsam weich dünsten, dabei regelmäßig rühren. Jetzt den Gelierzucker unter die Fruchtmasse rühren. Nach Belieben kann man mit einem Mixstab das Fruchtmus bis zur gewünschten Konsistenz mixen.

Die Marmelade zum Kochen bringen, 3 Minuten kochen lassen und in vorbereitete saubere Gläser abfüllen, diese sofort verschließen.

PRAXISTIPP

Vorsicht beim Erhitzen – Mehlbeeren und Zitronenquitten brennen sehr leicht am Topfboden an!

MISPEL *(Mespilus germanica,* ROSENGEWÄCHSE)

Kleiner malerischer Baum mit länglichen Blättern und braunen kreiselförmigen Früchten, die nach den ersten Frösten weich und essbar werden

Wuchsform: Kleinbaum
Verwendung: Verarbeitungsfrüchte, Frischverzehr

© E. Kuntschke

Pflanzenportrait

Die Mispel sollte keineswegs mit der Wollmispel, ital. „Nespoli" (*Eriobotrya japonica*) verwechselt werden.

Obwohl die Echte Mispel auch als Deutsche Mispel bezeichnet wird, ist sie hier nicht heimisch, sie wurde etwa 200 v. Chr. In Westeuropa eingebürgert. Ihre Heimat ist das Kaukasusgebiet und, wie Fossilbefunde belegen, ist sie dort seit 1.000 v. Chr. in Kultur.

Die Mispel, auch Asperl genannt, ist ein 3–6 m hoher, breit wachsender Strauch oder Baum mit kurzem Stamm.

Ihre lanzettlichen Blätter sind unterseits graugrün behaart. Kurztriebe enden bei der Wildform in Sprossdornen, bei den Kultursorten fehlen diese. Im April/Mai entfalten sich die etwa 5 cm großen weißen Blüten, die einzeln an den Triebenden stehen. Ihre 3–7 cm großen braunen Früchte reifen ab Oktober.

Standort, Verwendung im Garten

Mispelbäume sind wegen des gefälligen Wuchses, der Blüten und der bis in den späten Herbst hinein haftenden Früchte eine Bereicherung für den Garten. Dabei eignen sie sich sowohl für den Einzelstand als auch für die Verwendung als Heckenelement. Sie bevorzugen einen durchlässigen, durchaus auch trockenen Boden, sind kalkliebend und sollten eher an windgeschützten Standorten gepflanzt werden. Mispeln sind wärmeliebende Gehölze, sie benötigen vollsonnige bis halbschattige Lagen.

Allgemeines

Die Mispeln wurden wahrscheinlich von den Römern nach Mitteleuropa gebracht. Karl der Große gab die Anweisung, neben anderen Fruchtgehölzen auch die Mispel in seinem Einflussbereich zu pflanzen. Im Mittelalter war sie ein hochgeschätztes Obstgehölz. Volkstümlich wurde sie als „Drecksäck" oder „Hundsärsch" bezeichnet.

Eine Samenvermehrung ist möglich. Sorten und Auslesen werden aber vegetativ durch Veredelung auf Mispel, Weißdorn, Quitten- oder Birnenunterlagen vermehrt.

Schnittmaßnahmen sind in der Regel nicht notwendig und beschränken sich auf das Entfernen zu dicht stehender und abgestorbener Triebe.

Sie werden kaum von Krankheiten und Schädlingen befallen. Für Feuerbrand sind sie nur gering anfällig, Wildverbiss und Fegeschäden können aber auftreten.

Mispeln sind gute Bienenweiden.

Mispeln werden in kleineren Plantagen angebaut. In Bulgarien, Russland und im Kaukasusgebiet gibt es Mispeln in Plantagen als Intensivkultur.

Es gibt auch Gattungshybriden (Chimären) zwischen dem Weißdorn und der Mispel: +Crataegomespilus 'Dardari' und 'Jules d'Asnieres'

Gesundheitliche Wirkung

Mispel-Früchte sollten laut Hildegard von Bingen bei Gesunden als auch Kranken für den Muskelaufbau und die Blutreinigung positive Wirkungen aufweisen.

Wegen der Gerbstoffe sollen roh verspeiste Mispel-Früchte bei Durchfall und Blasenentzündung helfen. Sie sollen das Cholesterin senken, entzündungshemmende Wirkung aufweisen und harntreibend sein. Außerdem soll der Verzehr der Früchte bei Verdauungsproblemen und Magenschleimhautentzündungen Linderung schaffen.

Interessant ist die Verwendung der Mispel in Japan, allerdings werden nicht die Früchte, sondern die Blätter des Mispelbaumes für heilmedizinische Zwecke genutzt. Diese sind Bestandteil der so genannten Ito-Thermie. Erhitzte Blätter werden in Metallbehältern am Körper entlang geschleust. Diese Methode soll Schmerzen lindern und die Selbstheilungskräfte des Körpers stärken.

Sollte es beim Verspeisen von Mispel-Früchten zu allergischen Reaktionen kommen, dann könnte eine Fruchtzucker-Unverträglichkeit vorliegen. Kreuzallergien mit Steinobstfrüchten, wie Pfirsich und Aprikose, können ebenfalls auftreten.

Aktuelle Studien mit Mispelblätterextrakt belegen außerdem eine blutzuckersenkende Wirkung.

Sowohl im Norden der Türkei als auch im Nordwesten des Iran werden auch heute noch in der Volksheilkunde eine große Anzahl Krankheiten damit behandelt.

Früchte

Die Früchte der Kulturformen werden 3–7 cm groß. Es handelt sich hierbei um eine rostrote bis rostbraune Sammelsteinfrucht von apfel- bis leicht birnenförmiger Gestalt. Die bleibenden Kelchzipfel sind recht auffällig. Anfangs sind die Mispeln steinhart, sie werden erst nach Eintreten der ersten Nachtfröste weich und teigig. In diesem Zustand schmecken sie angenehm säuerlich und aromatisch. Mispel-Früchte gewinnen zunehmend an Bedeutung und werden jetzt wieder öfter auf Märkten angeboten. Mispelbäume können Erträge von bis zu 30 kg bringen.

An Inhaltstoffen sind vor allem Zucker (10 g/100 g, bei Sorten im Kaukasus bis 17 g/100 g), Stärke (3–4 %), Apfelsäure und Vitamin C (22–30 mg/100 g) enthalten. Weiters gibt es noch geringe Mengen an Eiweiß (0,5 g/100 g) und Fett (0,2 g/100 g) sowie Mineralstoffen (Natrium, Kalium, Calcium, Phosphor, Eisen), Ballaststoffen (2,1 g/100 g). Tannine und Pektin (0,1–1 %) ergänzen die Inhaltstoffpalette. Die Samen sind mit 2,5–5 % etwas ölhaltig.

Empfehlenswerte Sorten

Es werden zahlreiche Sorten angeboten, darunter befinden sich auch viele Lokalsorten. Eine Sorte mit besonders großen kreiselförmigen Früchten ist die ‘Holländische Großfrüchtige‘. Sie wächst sehr stark, bringt bis zu 6 cm große, 65 g schwere Früchte mit angenehmem Geschmack hervor und ist darüber hinaus auch reichfruchtend. Die ‘Schönbrunner Riesenmispel‘ bringt ebenfalls überaus große Mispelfrüchte hervor. Die ‘Kurpfalzmispel‘, auch als ‘Süßmispel‘ bekannt, ist bereits vor dem Frosteinfluss essbar, sie produziert mittelgroße Früchte mit geringem Gerbstoff- und sehr hohem Zuckergehalt. Die ‘Kernlose‘ oder ‘Apyrena‘ (var. *apyrena*) ist eine samenlose Sorte, die im 18. Jh. auf dem Balkan gefunden wurde. Diese ertragreiche Sorte bringt kleine schmackhafte Früchte hervor. ‘Nottingham‘ oder ‘Großfrüchtige von Nottingham‘ ist eine der am häufigsten verkauften Sorten. Ihre beinahe kugeligen Früchte sind mittelgroß (ca. 4 cm), springen kaum auf und weisen ein dunkelbraunes, süß-säuerliches Fruchtfleisch mit geringem Kernanteil auf. Sie soll geschmacklich die beste Sorte sein.

Ernte & Lagerung

Die Mispeln reifen ab Oktober. Vor Erreichung der Vollreife sitzen sie fest an den Enden der Zweige. Wenn man sie bereits vor der Vollreife erntet, dann ist es notwendig, die Früchte etwa 20 Tage zu lagern, damit sie weich und essbar werden.

Mit der Ernte der Mispeln kann im Oktober begonnen werden. Man erntet die Früchte, indem man sie leicht zur Seite dreht. Es empfiehlt sich, die Früchte bis nach den ersten Nachtfrösten am Baum hängen zu lassen, dann werden die Früchte weich und entwickeln das feine herb-säuerliche Aroma. Man kann die Mispelfrüchte auch am Baum belassen und bei Bedarf im Winter ernten. In einem kühlen Raum bei guter Luftfeuchtigkeit können Mispeln über mehrere Wochen gelagert werden. Bei zu trockener Luft schrumpeln die Früchte. Die Früchte sind genussreif, wenn sie weich und das Fruchtfleisch braun und teigig ist.

Aus 1.000 g Mispelfrüchten gewinnt man 800 g Fruchtmus.

Die Sache mit dem Frost

In ihrer Heimat, also den ursprünglichen Verbreitungsgebieten, ist die Vegetationsperiode wesentlich länger und die Temperatursumme höher. Deshalb können die Mispelfrüchte dort auch gut ausreifen. In unseren Breiten ist die Vegetationsperiode für eine rechtzeitige Ausreifung zu kurz. Deshalb belässt man die Früchte so lange an den Bäumen, bis die ersten Fröste ins Land ziehen. Die Pflückreife ist zwar bereits erreicht, nicht jedoch die Genussreife. Der Reifepro-

© E. Kuntschke

zess der bis dahin unreifen Früchte beginnt erst jetzt und zieht sich über mehrere Wochen hindurch. Früher hat man die „pflückreifen“ Früchte geerntet und für einige Wochen auf Stroh oder Kleie gelagert.

Während dieser Zeit werden, vereinfacht gesagt, Gerbsäuren abgebaut und Aroma- und Geschmacksstoffe freigesetzt. Enzyme (Pektinasen) sorgen gleichzeitig dafür, dass die Mittellamellen und Zellwände aufgelöst werden. Durch den austretenden Zellsaft wird das Fruchtfleisch im Inneren teilweise matschig und die Früchte werden dann sehr rasch „genussreif“.

Deshalb nützt es auch nichts, wenn man (wie oft vorgeschlagen wird) die unreifen Früchte für kurze Zeit tiefgefriert, weil diese Behandlung die Reife der Früchte nicht ersetzen kann.

Verarbeitung der Früchte

Mispeln können zu Marmelade, Chutney, Gelee, Saft, Kompott oder Likör verarbeitet werden. In Italien bereitet man daraus auch Schnäpse und Brandy. Zum Rohverzehr sind Mispeln ebenso geeignet, sie sind reich an Vitamin C und gesunden Gerbstoffen. Allerdings gibt es nur zwei Arten von Menschen bezüglich des Mispelgenusses: erstere können mit Mispeln oder Asperln gar nichts anfangen, letztere sind echte Mispelgenießer. Der Verzehr von Mispeln stellt (sofern man sich dabei nicht anpatzen möchte) schon eine Herausforderung dar. Am besten nimmt man die Frucht am Kelch, beißt die Fruchtschale am Stielansatz auf und saugt das mürbe/matschige Fruchtfleisch heraus. Die Nüsschen (Samen) lösen sich schlecht vom Fruchtfleisch, deshalb lutscht man sie kräftig ab.

Rezepte

MISPEL-CHUTNEY

300 g reife Mispeln
400 g Äpfel, grob geraspelt
1 EL Sonnenblumenöl
½ TL Pfeffer, gemahlen
1 TL Senfkörner
½ TL Bockshornklee
1 ½ TL Kreuzkümmel, gemahlen
1 ½ TL Kurkuma, gemahlen
2 Knoblauchzehen, gepresst
2 TL frischer Ingwer, fein gehackt
2 Chilis
200 ml Apfelessig
½ TL Salz
150 g Rohrzucker

Mispeln in einem Topf mit wenig Wasser weichdünsten. Anschließend mit einem Passiergerät (Flotte Lotte) von Kernen und Schale befreien.

In einem großen Topf die Senfkörner in Sonnenblumenöl rösten, bis sie aufspringen, Knoblauch hineinpressen und die restlichen Gewürze dazugeben und kurz mitrösten. Nun die geriebenen Äpfel und das Mispel-Mus dazugeben und gut verrühren. Mit Apfelessig aufgießen und die restlichen Zutaten unterrühren. Die Fruchtmasse langsam erhitzen und dabei gut rühren, da das Chutney leicht anbrennt.

Unter Rühren das Chutney etwa 5 Minuten köcheln lassen, danach abschmecken und sofort in vorbereitete saubere Gläser füllen und gut verschließen.

PRAXISTIPP

Kerne und Schale können nach dem Passieren im Backofen bei 50 °C und leicht geöffneter Backofentür getrocknet werden und später in einer Früchtetee-Mischung verwendet werden.

MISPEL-MARMELADE

1.000 g reife Mispeln
250 g Zitronenquitten
500 g Gelierzucker 2:1

Mispeln in einen Topf mit etwas Wasser geben. Zitronenquitten waschen, vierteln, vom Kerngehäuse befreien und zu den Mispeln geben. Die Früchte zugedeckt langsam erhitzen und etwa 20 Minuten dünsten, bis sie weich sind. Dabei regelmäßig rühren. Die Früchte mit einem Passiergerät (Flotte Lotte) von Kernen und Schalen befreien. Die Fruchtmasse sollte nun etwa ein Kilogramm betragen. In einem geeigneten Topf die Fruchtmasse mit Gelierzucker verrühren, unter Rühren langsam erhitzen und 3 Minuten köcheln lassen. Anschließend sofort in vorbereitete saubere Gläser abfüllen und gut verschließen.

PRAXISTIPP

Wer möchte, kann Mispeln mit Orangen mischen. Einfach einen Teil der Zitronenquitten ersetzen.

ROTWEIN-MISPEL-DESSERT

(Quelle: „Die Asperl“, 2013)

500 g frische Mispeln, reif
250 ml Rotwein (lieblich)
100 g Zucker
Schlagobers/Schlagsahne nach Belieben zum Verzieren

Die Mispeln von ihrer Schale und den Kelchblättern befreien. Im vollreifen Zustand lässt sich die Schale wie bei gekochten Erdäpfeln abziehen. Die Mispeln vierteln und die Kerne entfernen. Die Fruchtmasse mit etwas Butter anschwitzen und einige Zeit ziehen lassen. Dann Rotwein und Zucker dazugeben und unter ständigem Rühren einkochen. Das Mus in Dessertschalen geben und auskühlen lassen. Nach Belieben mit Schlagobers servieren.

PRAXISTIPP

Wenn Sie das Dessert alkoholfrei zubereiten möchten, den Rotwein zum Beispiel durch Johannisbeersaft ersetzen.

MISPEL-GELEE

4,5 kg Mispeln (ergibt etwa 1 l Saft)
500 g Gelierzucker 2:1
Zimt nach Belieben

Vollreife weiche Mispeln im Dampfentsafter entsaften. Die optimale Saftausbeute, die ohnehin gering ist, wird nach 1 ½ Stunden erreicht. Den gewonnenen Saft abmessen.

Je Liter Saft nun 500 g Gelierzucker dazugeben und langsam erhitzen, bis das Gelee kocht. Während des Einkochens etwas Zimt dazugeben. Nach einer Kochzeit von 2–3 Minuten das Gelee sofort in vorbereitete saubere Gläser füllen und gut verschließen.

PRAXISTIPP

Mispel-Direktsaft kann mit Apfelsaft oder Wasser verdünnt werden, wenn man zu wenig Früchte hat.

KORALLEN-ÖLWEIDE (*Elaeagnus umbellata*, ÖLWEIDENGEWÄCHSE)

Anspruchsloser großer Strauch mit silbrigen Blättern und kleinen roten oder gelben Beerenfrüchten (mit silbrigen Schüppchen – Pünktchenbeeren!), die leicht säuerlich schmecken und verarbeitet einen leichten Marzipangeschmack entfalten

Wuchsform: Großstrauch
Verwendung: Frischverzehr, Verarbeitungsfrüchte

Pflanzenportrait

Die Heimat der Korallen-Ölweide oder Doldigen Ölweide ist der Ostasiatische Raum (Japan, Nordostchina und Korea). Sie wächst zu einem kaum bedornten, breit ausladenden Großstrauch von etwa 4 m Höhe heran.

Ihre jungen Triebe und die Blattunterseiten sind silbrig (Schilferschuppen wie beim Sanddorn). Die sommergrünen, 3–8 cm langen, am Rande gewellten Blätter sind wechselständig angeordnet.

Ende April/Anfang Mai entfalten sich unzählig viele weißlich gelbliche, angenehm duftende Blüten. Sie sind 1,2 cm lang, röhrig-glockig und mit vier Kronzipfeln versehen. Sie sitzen büschelförmig an der Basis kurzer Neutriebe. Obwohl die Blüten zwittrig sind, bedarf es zweier verschiedener Sorten, damit sie auch fruchten.

Ab September reifen die roten, bei manchen Sorten auch gelben Früchte. Es gibt kaum ein anderes Gehölz, das sich mit derart vielen Früchten schmückt, wie die Korallen-Ölweide. Ihre Früchte verbleiben bis November am Strauch.

Standort, Verwendung im Garten

Die Korallen-Ölweide ist ein anspruchsloser, breit ausladender Strauch, der im Garten viel Platz benötigt.

Sonnige Standorte werden bevorzugt, Trockenheit scheint kein Problem zu sein. Bei starker Trockenheit kann es allerdings passieren, dass die Früchte frühzeitig abgeworfen werden. Er eignet sich zur Begrünung von Böschungen und breit angelegten freiwachsenden Hecken.

Korallen-Ölweiden vertragen einen kräftigen Rückschnitt, notwendig ist dieser aber nicht. Zur Größenbegrenzung kann man einen regelmäßigen leichten Auslichtungsschnitt durchführen.

Allgemeines

Die Wurzeln der Ölweide leben in Symbiose mit stickstoffbindenden Strahlenpilzen. Deshalb können sie auch noch auf sehr nährstoffarmen Böden gedeihen.

Man kann Ölweiden einfach durch Samen vermehren. Ertragreiche Sorten müssen aber vegetativ vermehrt werden, dies kann durch Grünstecklinge im Juni/Juli erfolgen, auch eine Vermehrung durch Steckholz ist möglich.

Krankheiten sind bisher keine bekannt. In extremen Wintern können unter Umständen Frostschäden am Holz auftreten.

Die säuerlich schmeckenden Früchte werden gerne von Vögeln gefressen.

Gesundheitliche Wirkung

Die Ölweide ist eine Heilpflanze mit analgetischen und entzündungshemmenden Eigenschaften. In einer randomisierten doppelblinden, aktiv kontrollierten Studie mit Kniearthrose-Patienten wurde die Wirksamkeit eines Elaeagnus-Extrakts mit der des Arzneistoffes Ibuprofen verglichen. Zwischen dem Arzneistoff und dem wässrigen Extrakt der Ölweide gab es keinen signifikanten Unterschied. Außerdem wurde der Ölweidenextrakt als sicher und gut verträglich eingestuft und keine unerwünschten Nebenwirkungen gemeldet.

Früchte

Die fleischigen Steinfrüchte sind etwa erbsengroß (5–10 mm), bei Vollreife dunkelrot und mit Schülfern besetzt. Deshalb wird die Korallen-Ölweide auch als „Pünktchenbeere“ vermarktet. Ähnlich wie beim Sanddorn sind auch die Früchte der Korallen-Ölweide saftig und herb-sauer, allerdings nicht ganz so sauer wie jene des Sanddorns. Und sie reifen erst relativ spät im September/Oktober.

An Inhaltstoffen sind 20 mg/100 g Vitamin C, bis 12 % Zucker und Fruchtsäuren, aber auch Eiweiß, Phosphor, Kalium und Öle enthalten. Die Früchte enthalten auch viel Provitamin A.

Empfehlenswerte Sorten

Am besten pflanzt man eine Sorte mit roten Früchten (z. B. 'Sweet' N Sour', 'Garnet' = syn. 'Amoroso', 'Red Cascade', 'Serinus', 'Red Milan' etc.) und kombiniert diese mit einer gelbfruchtenden Sorte ('Fortunella', 'Amber') als Bestäuber.

Ernte & Lagerung

Die Früchte der Korallen-Ölweide (sie sitzen an kurzen dünnen Stielen am Strauch) lassen sich in vollreifem Zustand leicht händisch ernten, indem man sie direkt von den Zweigen abrebelt, sie sind damit auch gut verwertbar. Tiefgefroren kann man sie über einen längeren Zeitraum für eine spätere Verarbeitung lagern.

Verarbeitung der Früchte

Aus den etwas herb-säuerlich schmeckenden Früchten lässt sich eine Marmelade mit besonders gutem Aroma herstellen. Auch Likör lässt sich daraus bereiten.

Die Früchte vor der Verarbeitung gut verlesen, gerne halten sich kleine Insekten zwischen den dichten Früchtebüscheln auf. Die Gelierfähigkeit der Früchte ist hervorragend. Wir bevorzugen für die Zubereitung von Marmeladen die korallenroten Sorten, da diese im Gegensatz zu den gelbfruchtenden Sorten eine sehr schöne Farbe ergeben. Letztere ergeben eine eher weniger schöne Farbe, wenngleich der Geschmack ebenfalls sehr gut ist.

Bei der Herstellung von Marmeladen passieren wir die Früchte, da sie je einen ca. 5 mm langen spitz-ovalen Kern enthalten. Kompott-Zubereitungen sind bisher an den zu großen Kernen gescheitert.

Rezepte

KORALLEN-ÖLWEIDEN-MARMELADE

1.300 g Korallen-Ölweiden-Früchte
500 g Gelierzucker 2:1

Korallen-Ölweiden-Früchte gut waschen und verlesen. In einem geeigneten Topf mit einigen EL Wasser zugedeckt und mit wenig Hitze dünsten, bis die Früchte platzen. Nun mit einem Passiergerät (Flotte Lotte) das Fruchtfleisch von den Kernen trennen. Dabei sollte das Fruchtmus etwa 1.000 g betragen.

In einem Topf das Fruchtmus mit Gelierzucker gut vermischen und langsam, unter öfterem Rühren zum Kochen bringen und 3–4 Minuten kochen lassen. Anschließend sofort in vorbereitete saubere Gläser abfüllen und gut verschließen.

PRAXISTIPP

Für Mischmarmeladen eignen sich aromatische Birnen sehr gut. Wer gelbe und rote Früchte hat, kann auch eine Schichtmarmelade herstellen. Dabei zuerst die rote Marmelade halbvoll ins Glas füllen, einige Minuten warten, bis sich ein zartes Häutchen gebildet hat, anschließend mit der gelben Marmelade vorsichtig auffüllen.

KORALLEN-ÖLWEIDEN-LIKÖR

500–600 g Ölweiden-Früchte
250 g Rohrzucker
1.000 ml guter Obstler oder Wodka

Die reifen Früchte verlesen, wenn nötig waschen, und zusammen mit dem Rohrzucker in ein großes Glas mit weitem Hals geben. Alkohol dazugeben und vorsichtig rühren oder schütteln. Den Ansatz an einem hellen, warmen Platz 5–6 Wochen ziehen lassen. Danach den Liköransatz durch ein Mulltuch oder ein feines Sieb abseihen.

PRAXISTIPP

Nach Belieben kann man dem Ansatz ein kleines Stück Vanilleschote oder Bio-Zitronenschale hinzufügen. Wir persönlich bevorzugen den feinen Eigenschmack der Ölweide ohne zusätzliche Aromen.

PERSIMONE *(Diospyros virginiana*, EBENHOLZGEWÄCHSE)

Kleiner Baum mit stark glänzenden Blättern und im Oktober reifenden „Mini-Kakis“, die, wenn sie vollreif sind, sehr gut schmecken

Wuchsform: Kleinbaum
Verwendung: Frischverzehr, Verarbeitungsfrüchte

© E. Kuntschke

Pflanzenportrait

Persimonen oder Virginische Dattelpflaumen sind die kleinen Verwandten der echten Kaki (*Diospyros kaki*) aus dem ostasiatischen Raum. Der Vorteil der Virginischen Dattelpflaume ist ihre bessere Winterhärte im Vergleich zu der echten Kaki. Sie stammt ursprünglich aus dem östlichen Nordamerika, wurde aber bereits um 1629 nach Europa eingeführt.

Sie entwickelt sich zu einem kleinen Baum von 5–6 m, selten wird sie auch höher.

Sie trägt 4–14 cm lange oval-elliptische Blätter, die sich im Herbst rot ausfärben. Ihre relativ unscheinbaren weißlichen Blüten sind fast sitzend und zweihäusig verteilt. Sie öffnen sich von Mai bis Juni. Daraus entwickeln sich bis zum Herbst (Oktober) etwa 3–6 cm große Früchte.

An Inhaltstoffen sind neben Vitamin A und C auch noch Zucker und Ballaststoffe enthalten.

Standort, Verwendung im Garten

Persimonen-Bäume sind attraktive kleine Bäume für den Garten mit prächtiger Herbstfärbung. Obwohl sie eine gute Winterhärte (–20 °C und darunter) aufweisen, reifen ihre Früchte in Gebieten mit Weinbauklima besser aus. An den Boden stellen sie keine besonderen Ansprüche, Kalk wird gut vertragen, der Standort sollte sonnig sein.

Die Triebe der Persimone sind sehr spröde. Lange, unverzweigte Triebe sollte man bereits im Rahmen des Erziehungsschnittes einkürzen. Ein regelmäßig durchgeführter leichter Auslichtungsschnitt fördert die Fruchtbildung. Da die Persimone an den vorjährigen Trieben meist überreich fruchtet, sollte man einen Teil dieser Triebe einkürzen. Damit wird die Alternanz (= in einem Jahr extrem viele Früchte, im darauffolgenden Jahr keine oder nur sehr wenige Früchte) gemildert.

'SAA Pieper'

Allgemeines

Als Persimone werden auch jene Kakis bezeichnet, die vorwiegend in Spanien produziert und bereits im harten Zustand vor der Vollreife mit der Schale verspeist werden können.

Die Früchte der samenvermehrten Wildform weisen einen sehr hohen Tannin-Gehalt auf, weshalb sie sehr adstringierend und beinahe ungenießbar sind.

Eine Samenvermehrung ist möglich, aber wegen der unbefriedigenden Fruchtqualität nicht empfehlenswert. Sämlinge können aber als Unterlage für Veredelungen der Sorten dienen. Persimonen lassen sich auch durch Chip-Veredlungen vermehren.

Krankheiten und Schädlinge sind bislang bei uns nicht bekannt.

Vögel und Säugetiere fressen die Früchte gerne.

Das Holz wurde zur Herstellung von Webstühlen und Furnieren verwendet.

Gesundheitliche Wirkung

Die Früchte enthalten einerseits Jod und Kalium, aber auch einen sehr hohen Anteil an Vitamin C und viel Provitamin A und unterstützen damit den Sehprozess. Beta-Carotin reduziert Oxidationsprozesse und ist für das Zellwachstum von Bedeutung. Kalium übernimmt Funktionen in Zusammenhang mit dem Energiestoffwechsel und der Erregbarkeit von Muskel- und Nervenzellen.

In der TCM werden sie eingesetzt, um Hitze zu eliminieren, die durch einen Yin-Mangel hervorgerufen wurde.

In der Homöopathie wird Diospyros in der Behandlung psychologischer und körperlicher Beschwerden, wie der Posttraumatischen Belastungsstörung, verwendet.

Früchte

Es empfiehlt sich, keine Sämlinge, sondern nur Sorten zu pflanzen. Ihre 4–6 cm großen gelborangen Früchte schmecken im unreifen bis halbreifen Zustand wegen des hohen Tannin-Gehaltes sehr adstringierend. Erst wenn sie vollreif sind, schmecken sie süß und köstlich. Ihr Fruchtfleisch ist dann weich und gallertartig. Die Früchte der Virginischen Dattelpflaume ähneln im Aussehen einer Kaki-Frucht, sie sind jedoch wesentlich kleiner. Sie haben ein dunkles Fruchtfleisch mit 4 Kernen. Es gibt aber auch jungfernfrüchtig entstandene kernlose Sorten.

Empfehlenswerte Sorten

Es gibt inzwischen zahlreiche Sorten, man benötigt aber eine zweite Pflanze einer anderen Sorte mit männlichen Blüten als Bestäuber. Die unten angeführten Sorten sind aber selbstfruchtbar, es werden neben weiblichen auch männliche Blüten an ein- und demselben Baum gebildet.

'Szukis' bringt etwa 2 cm große kernlose, nicht adstringierende Früchte hervor. Sie ist gut kältetolerant und ein guter Pollenspender für andere Sorten. 'Prok' wird gelegentlich in Baumschulen angeboten. Mit ca. 5 cm Größe erreicht sie ein Fruchtgewicht von 35 g. Ihre Früchte sind leicht adstringierend, in vollreifem Zustand verliert sich die Adstringens und sie schmecken dann recht gut. 'SAA Pieper' ist eine weitere empfehlenswerte Sorte. Ihre Früchte sind kleiner (ca. 2 x 3 cm) und weisen ein Fruchtgewicht von 20–25 g auf. Ihr Geschmack ist gut, die Früchte sind kaum adstringierend.

Ernte & Lagerung

Die Früchte reifen sukzessive am Baum. Sobald sie weich werden, sind sie reif und man kann sie direkt vom Baum essen. Vollreife Früchte der Persimone fallen vom Baum. Man kann sie auch, wenn sie zwar schon orange gefärbt, aber noch nicht ganz weich sind, nachreifen lassen. Sie sind fest mit den Zweigen verbunden, man muss sie einzeln mit einer Baumschere herunterschneiden. Man kann sie auch nach den Frösten am Baum lassen und später bei Bedarf essen. Je nach Reife können die Früchte einige Tage bis Wo-

'Hess' (links), 'Prok' (rechts)

chen im Kühlschrank gelagert werden. Weiters können die Früchte problemlos tiefgefroren werden. So kann man die Früchte später vielseitig verwenden. Bereits gut ausgefärbte, aber noch harte Früchte kann man vor den ersten Frösten ernten und zusammen mit Äpfeln in einem großen Plastiksack für etwa 2 Wochen nachreifen lassen, das funktioniert recht gut.

Verarbeitung der Früchte

Wichtiger Hinweis: Nicht voll ausgereifte Früchte weisen einen extrem pelzigen, adstringierenden Geschmack auf und können zu Verdauungsproblemen führen. Schuld daran ist der Gerbstoff (Tannin Leucodelphinidin). Dieser Gerbstoff befindet sich vorwiegend in der Fruchtschale und in den Samen. Bei vollreifen Früchten ist dieser Gerbstoff bereits abgebaut und die Früchte schmecken sehr gut.

Persimonen werden vorwiegend frisch verzehrt. Man kann sie dörren, dazu muss aber die Fruchtschale entfernt werden.

Persimonen-Früchte sollen immer verkostet werden, um auszuschließen, dass man nicht optimal reife Früchte verarbeitet. Diese können unter Umständen adstringierend schmecken. Aus Persimone-Früchten können vielerlei Desserts, Kuchen und andere Köstlichkeiten zubereitet werden.

Rezepte

PERSIMONEN-MARMELADE

1.000 g Persimonen-Früchte
3 Zitronen
12 g reines Apfelpektin
500 g Zucker

Den Früchten zuerst die Haut abziehen und die Blütenansätze entfernen. Zitronen auspressen und mit den Früchten in einen geeigneten Topf geben. Zucker mit Apfelpektin gut vermengen und unter die Fruchtmasse rühren. Die Fruchtmasse nun langsam bis zum Kochen erhitzen. Dabei öfter umrühren. Mit einem Mixstab die Fruchtmasse pürieren, bis die gewünschte Konsistenz erreicht ist. Die Marmelade unter Rühren 3 Minuten leicht kochen lassen, dann sofort in vorbereitete saubere Gläser füllen und gut verschließen.

PRAXISTIPP

Friert man die Früchte einzeln ein und gibt sie in geeignete Behältnisse, kann man die Früchte später vielseitig verwenden.

QUITTE (*Cydonia oblonga*, ROSENGEWÄCHSE)

Kleiner Baum mit weißen Blüten und sehr harten, großen, gelben apfelförmigen oder birnenförmigen Früchten im Herbst

Wuchsform: Kleinbaum
Verwendung: Verarbeitungsfrüchte

Pflanzenportrait

Die ursprüngliche Heimat der Quitte ist Südwestasien, das Gebiet um den Kaukasus. Von dort ausge-

hend wurde sie im Nahen, Mittleren und Fernen Osten und in ganz Südeuropa verbreitet. Mit den Phöniziern und Griechen gelangte sie später in die Länder nördlich und südlich des Mittelmeeres. In die nördlichen Provinzen Roms gelangte sie vermutlich bereits vor etwa 2.000 Jahren durch die Römer.

Die Quitte wächst meist strauchartig oder zu einem kleinen Baum mit niedrig ansetzender Krone heran und erreicht dabei eine Wuchshöhe von 3–4 m bei einer Kronenbreite von 2–4 m.

Die rosaweißen Blüten der Quitte sind wesentlich größer als jene der Äpfel und Birnen. Sie entwickeln sich an kurzen Seitensprossen und öffnen sich im Mai. Deshalb ist die Spätfrostgefahr sehr gering, allerdings ist die Gefahr einer Feuerbrandinfektion dadurch höher. Die Blüten (mit Ausnahme jener der Sorte ‚Leskovacz') sind selbstfruchtbar und benötigen keinen Befruchter.

Standort, Verwendung im Garten

Wegen der geringen Wuchsgröße ist die Quitte für die Verwendung als Obst- und Zierbaum für kleinere Gärten geeignet.

Im Kaukasus gedeiht die Quitte zwar noch auf 1.000–1.200 m Höhe, aber nördlich des Alpenhauptkamms ist sie doch etwas frostempfindlich und das Holz kann durch zu niedrige Wintertemperaturen geschädigt werden. Um Frostschäden, insbesondere zur Zeit des Einwurzelns und Anwachsens, zu vermeiden, sollte man in raueren Gegenden Quittenbäume erst im Frühjahr pflanzen.

Es ist auch zu beachten, dass die Quitte kalkempfindlich ist. Bei zu kalkhaltigen, schweren und mageren Böden können Chlorose und/oder Wuchsstörungen auftreten. Während der Anwachszeit innerhalb der ersten Jahre sollte der Boden freigehalten werden.

Außerdem sollte während Trockenperioden gewässert und der Boden von Zeit zu Zeit mit Kompost verbessert werden.

Allgemeines

Die Quitte ist wohl eine der ältesten Obstarten. Sie wurde angeblich bereits vor 4.000 Jahren von den Babyloniern kultiviert. Botanisch gehört sie zur Familie der Rosengewächse und ist somit mit Apfel, Birne, Mispel etc. verwandt, ist jedoch eine völlig eigenständige Gattung.

Sortensammlungen in Deutschland und weltweit weisen zusammen sicher mehr als 1.000 Sorten und Lokalvarietäten auf.

Schnittmaßnahmen sind normalerweise nicht notwendig. Sie beschränken sich auf ein maßvolles Auslichten und dem Entfernen des alten, abgetragenen Fruchtholzes, und auch das ist nicht jedes Jahr notwendig. Beim Schnitt muss man darauf achten, dass die jungen Fruchttriebe nicht entfernt werden. Quitten sollte man von Ende Februar bis Anfang März schneiden, wenn keine tieferen Fröste (unter –5 °C) mehr zu erwarten sind.

Auslesen der Quitte wurden und werden als schwach wachsende (kalkempfindliche) Unterlage für Birnensorten verwendet.

Quitten zählen zu den Feuerbrand-Wirtspflanzen und sind gegenüber Schädlingen sowie Pilzen (Blattbräune und Monilia), aber auch gegenüber Viren anfällig.

Die Vermehrung der Quittensorten erfolgt durch Veredelung auf spezielle Quittenklone, die auch für die Veredlung von Birnen als Unterlagen verwendet werden. Früher verwendete man *Crataegus* oder auch *Sorbus* als Unterlagen, sie werden heute seltener verwendet.

Gesundheitliche Wirkung

Das sehr aroma-, vitamin- und ballaststoffreiche Obst ist nicht nur in der Küche, sondern auch als Naturheil- und Kosmetikmittel vielfältig verwendbar.

Bereits bei den alten Griechen und Römern wurde die Quitte als heilkräftige Frucht bei Durchfall und Fieber sowie bei allgemeinen Darm- und Magenerkrankungen verwendet. Hildegard von Bingen empfahl die Quitte, egal ob gekocht oder gebraten, als Prophylaxe bei Gicht und rheumatischen Krankheiten. Tees aus Quitten haben eine besonders wohltuende Wirkung.

Quittenkerne, in wenig Wasser eingeweicht und gekocht, bilden einen Quittenschleim, der, schluckweise getrunken, eine gute Wirkung gegen Halsbeschwerden und bei Husten hat. Das Lutschen von Quittenkernen soll lindernd bei Bronchitis, Halsschmerzen und Reizhusten wirken, kann aber auch abführend wirken. Die Kerne sollen wegen des Bitterstoffes Amygdalin nicht zerkaut werden.

Früchte

Man unterscheidet birnenförmige und apfelförmige Quittensorten. Die Frucht ist eine unregelmäßig geformte Scheinfrucht, die besonders am Anfang ihrer Entwicklung stark filzig-behaart ist. Der filzig-wollige Belag auf der Schale schwindet bis zur Vollreife, bleibt bei manchen Sorten jedoch erhalten. Er muss vor jeder weiteren Verarbeitung gründlich entfernt werden. Später ist die Fruchtschale glatt, ledrig-hart und zur Vollreife goldgelb bis leuchtend zitronengelb. Reife Früchte verströmen einen angenehmen, zitronenähnlichen Duft, der durch etwa 150 flüchtige Aromastoffe hervorgerufen wird.

Quitten fruchten in der Regel bereits als junge Pflanze und regelmäßig. Das Einzel-Fruchtgewicht beträgt etwa 100–800 g, in südlichen Ländern sogar 1,5–2 kg. Die Fruchtreife erfolgt von Ende September bis Mitte Oktober.

Schon nach 5–7 Jahren, wenn die Bäume im Vollertrag stehen, trägt ein Quittenbaum bereits 20–60 kg Früchte.

Die Früchte enthalten Weinsäure, Apfelsäure, Zucker (15,5 %), Tannin sowie Mineralstoffe, wie Kalium, Calcium, Phosphor, und auch Vitamin C (ca. 13 mg/100 g) sowie einen hohen Anteil an Pektin.

Empfehlenswerte Sorten

Im Lehr- und Beispielsbetrieb Deutenkofen wurde 2006 eine umfangreiche Sichtungspflanzung von Quitten durchgeführt. Der Versuch beinhaltete mit 56 verschiedenen Sorten nahezu das gesamte in Deutschland verfügbare Sortiment.

Birnenförmige Sorten: ‘Bereczki‘ ist eine selbstfruchtbare ungarische Sorte, die starkwüchsig ist und spät blüht, der Ertrag ist mittelhoch, mittlere Reifezeit, die großen bis sehr großen Früchte weisen einen hohen Zuckergehalt auf, diese Sorte ist für wärmere Lagen geeignet. Die ‘Portugiesische Birnenquitte‘ bringt sehr große birnenförmige Früchte mit leicht wolliger Fruchtschale hervor, der Ertrag ist hoch, das Fruchtfleisch weißgelb und saftig. ‘Vranja‘ ist eine starkwüchsige ältere Sorte, die leicht mehltauanfällig, aber sehr ertragreich ist. Sie ist sehr gut zur Herstellung von Quitten-Süßmost geeignet und gering anfällig für Feuerbrand.

Apfelförmige Sorten: ‘Cydora Robusta‘ wird als „robust“ gegenüber Feuerbrand bezeichnet. Sie weist einen sehr hohen Fruchtertrag auf, reift früh und ist gering anfällig gegenüber der Fleischbräune. Die Früchte der ‘Riesenquitte von Leskovacz‘ sind ungewöhnlich groß, goldgelb, mit sehr tiefen Furchen, das Fruchtfleisch verfärbt sich beim Kochen nicht (wie bei den meisten anderen Sorten) rötlich, sondern bleibt reinweiß. Die Früchte sind wohlschmeckend, der Fruchtertrag mittel bei mittlerer Reifezeit. Allerdings ist die Anfälligkeit für Fleischbräune sehr hoch.

‘Konstantinopler‘ ist eine Apfelquitte mit deutlich hervortretenden Wülsten und Rippen, die sehr aromatisch ist, ihre Fruchtschale ist wenig filzig, die Frucht sehr aromatisch. **‘Aromatnaya‘ (syn. ‘Krymska**‘) ist ebenfalls eine apfelförmige Quitte, allerdings mit dünner Fruchtschale, diese Sorte ist sogar für den Rohverzehr geeignet.

In südlichen Ländern gibt es allerdings auch Sorten, deren Früchte so weich sind, dass man sie wie Äpfel roh essen kann (z. B. ‘Cydora‘, ‘Cydopom‘ und ‘Limon Ayvasi‘).

Ernte & Lagerung

Die aromatischen Früchte reifen von Ende September bis Ende Oktober und werden eingesammelt oder

vom Baum gepflückt. Man sollte die Früchte jedenfalls vor den ersten länger anhaltenden Frösten ernten. Früchte, die zur so genannten „Fleischbräune" neigen, erntet man, wenn die grüne Grundfarbe in Gelb umschlägt. Bei zu später Ernte oder längerem Lagern baut sich Pektin ab, man pflückt deshalb spätestens vor den ersten, länger anhaltenden Frösten.

Gesunde Früchte lassen sich schonend einreihig auf Obststeigen lagern, eventuell auf einer Unterlage aus Papierschnipseln oder Holzwolle. So gelagert, halten sie sich je nach Sorte und Jahr bis Dezember oder April. Wenn möglich, sollten Quitten nach der Ernte möglichst schnell verarbeitet werden.

Verarbeitung der Früchte

Quitten sind von einem dichten Flaum bedeckt, der mit einem trockenen Tuch leicht abgerieben werden kann. Die Früchte enthalten um das Kerngehäuse

Steinzellen, die bei Verwendung des Fruchtfleisches entfernt werden müssen. Quitten sind eine vielseitige Verarbeitungsfrucht. Marmelade, Gelee, Senf, Quittenkonfekt, Saft, Sirup, Kuchen, Strudel, Essig, Edelbrand und vieles mehr wird aus Quitten zubereitet.

Rezepte

QUITTEN-APFEL-STRUDEL

300 g Weizenmehl, glatt
150 ml Wasser, lauwarm
2 EL Sonnenblumenöl
½ TL Salz
Butter, zerlassen, zum Bestreichen

Für die Fülle
1.000 g Quitten
500 g Äpfel
90 g Semmelbrösel/Paniermehl
50 g Butter
Rosinen oder Felsenbirnen
Zucker oder Honig
Zimt, gemahlen

Mehl und Salz mit Wasser und Öl in einer Rührschüssel mischen. Mit einem Handmixer (Knethaken) einen mittelfesten Teig kneten. Nach 5–7 Minuten sollte der Teig die richtige Konsistenz haben. Nun mit den Händen eine Kugel formen und schleifen. Zum Ruhen den Teig in eine Schüssel legen und mit Öl bestreichen, damit er nicht austrocknet.

Inzwischen wird die Fülle vorbereitet. Die Quitten mit einem Tuch abreiben, um den Flaum zu entfernen. Anschließend die Früchte schälen, vierteln und vom Kerngehäuse befreien. Dabei auch die Steinzellen, die um das Kerngehäuse herum zu finden sind, entfernen. Die Äpfel schälen, vierteln und die Kerngehäuse entfernen. Alle Früchte auf einer Küchenreibe grob raspeln oder fein blättrig schneiden.

Die Fruchtmasse kann nun je nach Apfelsorte nach Belieben gesüßt werden. Zimt und Rosinen unter die Masse rühren. Den Backofen auf 180 °C vorheizen.

Der Strudelteig wird auf einem bemehlten Tuch mit einem Nudelholz etwas ausgerollt und weiter über die bemehlten Handrücken vorsichtig ausgezogen, bis der elastische Teig sehr dünn ist. Dabei sollten möglichst keine Löcher entstehen.

Die Semmelbrösel in etwas Butter goldbraun rösten, abkühlen lassen und auf dem Strudelteig verteilen. Die Quitten-Apfel-Masse ebenfalls auf dem Teig verteilen, dabei einen Rand freilassen. Mit Hilfe des Strudeltuches den Strudel einrollen und auf ein geöltes Backblech geben.

Mit der zerlassenen Butter gut bestreichen und in den heißen Ofen geben. Nach etwa 45 Minuten ist der Strudel fertig gebacken und wird am besten noch warm serviert.

PRAXISTIPP

Der Strudelteig kann tags zuvor vorbereitet werden und die Nacht, gut geölt, im Kühlschrank verbringen. Mit Vanillesauce serviert, ist der warme Strudel ein kulinarischer Höhepunkt.

QUITTEN-GELEE

2 kg Quitten
500 g Gelierzucker 2:1

Mit einem trockenen Tuch den Flaum der Quitten abreiben. Die Früchte, je nach Größe, in Vierteln oder kleiner schneiden und im Dampfentsafter entsaften. Alternativ können die Quittenstücke in etwa 1 l Wasser weichgekocht und der Saft durch ein Tuch abgeseiht werden.

Den gewonnenen Saft abmessen, auf 1 l Saft 500 g Gelierzucker 2:1 zugeben. Saft und Zucker werden in einem geeigneten Topf gut verrührt und bis zum Kochen erhitzt. Nach einer Kochzeit von 3 Minuten das Gelee sofort in vorbereitete saubere Gläser füllen und gut verschließen.

QUITTEN-APFEL-KUCHEN

Unser absoluter Lieblingskuchen

Für den Mürbteig
500 g Weizenmehl, glatt
250 g Butter
150 g Staubzucker/Puderzucker
1 TL Weinsteinbackpulver
1 Ei
1 Prise Salz
2–3 EL Wasser oder Milch

Für die Fülle
1 kg Quitten
½ kg Äpfel
100 g Zucker
2 EL Zimt, gemahlen
Rosinen oder getrocknete Felsenbirnen nach Geschmack

Mehl auf eine Arbeitsfläche geben, mit Staubzucker, Backpulver und Salz vermischen und die kalte Butter blättrig mit einem Messer hineinschneiden. Das Mehlgemisch und die Butter zwischen den Händen fein verbröseln. Mit dem Ei und Wasser oder Milch vermengen und rasch einen glatten Teig kneten. Den Teig gut zugedeckt im Kühlschrank 30 Minuten rasten lassen. In der Zwischenzeit Quitten und Äpfel schälen, Kerngehäuse und Steinzellen entfernen und fein blättrig hobeln oder grob raffeln. Zucker und Zimt, Rosinen oder Felsenbirnen nach Geschmack zugeben und gut vermischen.

Den Backofen auf 160 °C Umluft oder 180 °C Ober- und Unterhitze vorheizen. Ein Backblech einfetten oder mit Backpapier auslegen.

Nun wird der Teig in ein größeres und ein etwas kleineres Stück geteilt. Das größere Stück für den Boden wird auf einem Nudelbrett dünn ausgewalkt, bis es etwas größer ist als das Backblech. Idealerweise lässt sich der Teig auf den Teigroller aufrollen und auf dem Backblech wieder abrollen. Der Teig soll den Rand des Backbleches auskleiden. Darauf wird jetzt die Quitten-Apfel-Fülle gleichmäßig verteilt. Der kleinere Teig wird ebenso ausgerollt und auf die Fülle gelegt, damit alles abgedeckt ist. Überstehende Teigränder können abgeschnitten und mittels Ausstecher als Muster auf die Teigplatte gelegt werden. Zuletzt den Kuchen mit etwas Milch bestreichen und im vorgeheizten Backofen 50–55 Minuten backen.

PRAXISTIPP

Wenn keine Kinder beim Kuchen mitessen, kann man der Quitten-Apfel-Fülle einen Schuss Rum hinzufügen. Probieren Sie auch einen Apfelstrudel mit Quitten.

SANDDORN (*Hippophae rhamnoides*, ÖLWEIDENGEWÄCHSE)

Anspruchsloser, bedornter großer Strauch mit Wurzelausläufern, silbrigen Blättern und leuchtend orangen, sehr sauren, Vitamin-C-haltigen Früchten

Wuchsform: Großstrauch
Verwendung: Verarbeitungsfrüchte

Pflanzenportrait

Das Verbreitungsgebiet des Sanddorns erstreckt sich von Ostasien über Mittel- und Kleinasien bis nach West- und Nordeuropa. Als sehr anpassungsfähiger Strauch wächst er von tiefen Lagen bis in hohe Regionen, vorwiegend auf sandigen bis schottrigen, meist nährstoffarmen Böden. Als Strauch wird er 3–6 m hoch, unter günstigen Bedingungen kann er sich aber auch baumförmig entwickeln und eine Wuchshöhe von 10 m erreichen.

Der Sanddorn produziert, insbesondere auf durchlässigen Böden, auch Wurzelausläufer. Er ist ein sparrig wachsender, mittelgroßer bis großer Strauch mit dornigen Trieben. Seine Blätter sind schmal-lanzettlich und beiderseits silbergrau. Dies wird durch Sternhaare (Schilfern oder Schülfern) verursacht. Diese sind auch an den Trieben und Früchten als silbrige Pünktchen vorhanden.

Die unscheinbaren Blüten der Pflanzen sind zweihäusig verteilt, man benötigt neben den weiblichen Fruchtsorten (1) auch eine männliche Pflanze (2). Die orangefarbenen Früchte reifen ab August, je nach Standort und Höhenlage auch bis in den Oktober hinein.

Standort, Verwendung im Garten

Im Hausgarten wird der Sanddorn gerne als Element von Hecken oder auch als Einzelstrauch verwendet. Meist nur als Zierstrauch wegen des reichen Fruchtschmucks. Allein deswegen ist es empfehlenswert, eine der reichfruchtenden Sorten zu pflanzen. Er benötigt ausreichend Platz. 2–3 m sollte man ihm einräumen und bedenken, dass er wegen seiner Wurzelausläufer nicht mit Stauden kombinierbar ist. Die Pflanzen sind sehr lichtbedürftig, ein vollsonniger Standort ist wichtig. An den Boden stellt er keine besonderen Ansprüche, nur schwere lehmige Böden meidet er.

'Leikora' (ganz oben und oben)

1

2

Allgemeines

Die Wurzeln des Sanddorns sind mit Strahlenpilzen (*Actinomyceten*) vergesellschaftet und können mit deren Hilfe Luftstickstoff binden. Deshalb können sie auch noch auf nährstoffarmen Böden gut gedeihen.

Der Sanddorn lässt sich durch Samen und durch Steckhölzer vermehren. Auch Abrisse oder Ausläufer können als Vermehrungsmaterial dienen. Man kann auch Grünstecklinge im Sommer (Juli/August) bewurzeln.

Kalte Winde und Winterfröste sind kein Problem.

Als Pflegemaßnahme ist unter anderem das Entfernen der Wurzelausläufer anzuführen. Schnittmaßnahmen beschränken sich auf das Herausschneiden größerer Triebe, falls die Pflanzen zu groß werden. Besser ist es aber, wenn man zwecks Fruchternte jeweils einzelne, dicht mit Früchten besetzte, vorjährige Triebe abschneidet. Im Jahr darauf erntet man die restlichen Triebe, somit hat man jedes Jahr ausreichend Früchte und immer einen leicht verjüngten, reichfruchtenden Strauch.

Mitunter können bei gewissen Sorten Welke-Krankheiten (*Verticillium*) auftreten. Neuerdings verursacht auch die Sanddornfruchtfliege Schäden an den Früchten.

Wildverbiss durch Rehe kann ebenfalls ein Problem sein.

Sanddornsträucher bzw. -hecken sind wertvolle Lebensräume und Nahrungsquellen für zahlreiche Tierarten.

Sanddorn wird auch in Plantagen angebaut. Vor allem im Raum Berlin gibt es größere Betriebe, die sich mit der Kultur und der Vermarktung von Sanddornprodukten beschäftigen. Auch in Österreich (Steiermark) gibt es inzwischen Sanddornplantagen in kleinem Rahmen.

Den größten Anteil an der Plantagenwirtschaft hat China. In der Mongolei gibt es ein eigenes Institut, das sich mit der Verwertung der Früchte und deren Zukunftspotential beschäftigt.

Gesundheitliche Wirkung

In Ostasien ist die Heilwirkung der Sanddornbeeren bereits seit Jahrtausenden bekannt. Seit dem Mittelalter ist der Sanddorn auch in der Volksheilkunde in Verwendung. In der kommerziellen Nutzung betreffend Naturheilkunde und medizinische Anwendung des Sanddorns liegt Russland vor allen anderen Ländern.

Vor allem zur Vorbeugung bzw. zur Steigerung der Abwehrkräfte gegen Erkältungen und Grippe wird Sanddorn eingenommen. Darüber hinaus wird er zu Nahrungsergänzungsmitteln und Heilmitteln verarbeitet und dient als Rohstoff für kosmetische Produkte.

Wie die Farbe der Sanddornbeeren schon vermuten lässt, liefern uns diese Früchte reichlich Beta-Carotin.

Zeaxanthin, ein ebenfalls den Carotinoiden zugeordneter Farbstoff, welcher in Sanddornfrüchten in relativ hoher Konzentration vorkommt, ist für die Augengesundheit von großer Bedeutung.

Durch den bereits erwähnten hohen Anteil an ungesättigten, essentiellen Fettsäuren und auch der hohe Anteil an Vitamin C machen Sanddornfrüchte zu einem sehr wertvollen Lebensmittel, bei dem auch keinerlei toxische Wirkung nachgewiesen wurde.

Früchte

Die Früchte des Sanddorns sind Scheinsteinfrüchte von kugeliger, ovaler oder walzenförmiger Gestalt. Das Fruchtgewicht der gelblichen, orangen oder korallenroten Früchte beträgt etwa 0,1–0,9 g. Sie reifen ab August.

Sanddornfrüchte werden auch als sehr gesundheitsfördernd eingestuft und zählen ernährungsphysiologisch zu den wertvollsten Wildobstarten. Vor allem der hohe Vitamin-C-Gehalt (150–400 mg/100 g Frischgewicht) sowie Provitamin A (4–8 (–20) mg Carotin/100 g) sind hervorzuheben. Ergänzt werden die Inhaltstoffe noch durch Vitamin E und B_{12}. Letzteres ist ansonsten nur in Milch- und Fleischprodukten enthalten. Weitere Mineralstoffe, 15 verschiedene Spurenelemente (z. B. Eisen, Mangan, Bor und Silizium) sowie Fruchtsäuren (3,4 %) sind ebenfalls enthalten.

Besonders wertvoll sind die essentiellen ungesättigten Fettsäuren, das Öl im Fruchtfleisch und in den Samen.

Empfehlenswerte Sorten

Fruchtauslesen des Sanddornes gibt es in Russland, der Ukraine und Finnland. Bei uns werden in Deutschland von H.-J. Albrecht ausgelesene (inzwischen geschützte) Sorten angeboten. Für den Hausgarten ist besonders 'Leikora' interessant, sie bringt die größten Früchte hervor. Aber auch ORANGE ENERGY (= 'Habego'(S)) ist nicht nur wegen der schönen orangen Fruchtfarbe sehr empfehlenswert, sie enthält den höchsten Anteil an Vitamin C. Man darf nicht vergessen, eine männliche Befruchtersorte (z. B. 'Pollmix') zu pflanzen. Interessant ist auch SANDORA (= 'Hipparth'(S)), weil es sich hierbei ausnahmsweise um eine selbstfruchtende Sorte handelt. Sie benötigt keine männliche Befuchtersorte, bei Vorhandensein einer männlichen Pflanze fruchtet sie jedoch wesentlich reicher.

Ernte & Lagerung

Idealerweise sollte die Ernte möglichst zu Beginn der Fruchtreife erfolgen, weil in diesem Zeitraum der Säure- und Vitamin-C-Gehalt am höchsten ist. Das Pflücken der fest haftenden Früchte per Hand ist sehr mühsam und wenig effektiv. Besser, man schneidet die fruchttragenden Triebe ab, teilt sie in kurze Abschnitte und gibt sie für einige Stunden in die Tiefkühltruhe (frosten).

Gefrostete Früchte lassen sich verhältnismäßig leicht abklopfen bzw. abrebeln. In den Sanddornplantagen werden die Früchte maschinell (Rüttelmaschine) geerntet.

Überreife Früchte produzieren geringe Mengen Buttersäure und riechen dementsprechend unangenehm.

Sanddornbeeren kann man sehr gut tiefgefrieren. Sanddornbeeren können getrocknet und unter Luftabschluss aufbewahrt werden.

Verarbeitung der Früchte

Sanddornbeeren besitzen spitze Samen. Diese entfernen wir bei der Herstellung unserer Produkte mit Hilfe eines Passiergerätes. Eine Saftzentrifuge hat sich zum Entsaften für Sanddorn bestens bewährt. Sanddorn-Fruchtmus in größeren Mengen erhalten wir aus den frischen Beeren mittels einer Beerenpresse. Das dabei gewonnene Sanddorn-Mus kann man gut auf Vorrat tiefgefrieren. Bei Bedarf wird dieses zu Fruchtaufstrichen oder Chutneys weiterverarbeitet.

Sanddorn-Creme

Sanddorn-Fruchtsaft

Becher aus Sanddorn-Holz

Rezepte

SANDDORN-BIRNEN-MARMELADE

800 g Birnen
600 g Sanddornbeeren
600 g Gelierzucker
Saft von 3 Zitronen

Die Birnen schälen, entkernen und in kleine Stücke schneiden. Sanddornbeeren verlesen und mit den Birnen zusammen in einen geeigneten Topf geben. Etwa 5 EL Wasser dazugeben und vorsichtig erhitzen, dabei gut überwachen, öfter rühren und bei Bedarf noch etwas Wasser zufügen. Sobald die Birnen weich und die Beeren geplatzt sind, wird das Fruchtmus mittels Passiergerät (Flotte Lotte) von den Kernen befreit. Die gewonnene Fruchtmasse wird mit Gelierzucker gut vermischt und langsam, unter oftmaligem Rühren bis zum Kochen erhitzt. Anschließend die Fruchtmasse sofort in vorbereitete saubere Gläser abfüllen und gut verschließen.

PRAXISTIPP

Wer keine Birnen zur Verfügung hat, kann den Fruchtaufstrich auch mit Äpfeln zubereiten. Uns schmeckt die Variante mit Birnen besser.

FEIGEN-SANDDORN-MARMELADE

700 g Feigen
100 g Sanddorn-Fruchtmus
100 ml Orangensaft, frisch gepresst
500 g Gelierzucker 2:1

Die Feigen vorbereiten, dabei den harten Teil des Fruchtstiels entfernen. Bei Bedarf, je nach Feigensorte, die äußere Haut mit einem Messer abziehen, wenn diese dick oder ledrig ist.

Die Feigen in kleine Stücke schneiden und zusammen mit dem Sanddorn-Fruchtmus und dem Orangensaft in einem großen Topf langsam erhitzen, bis die Feigen weich sind. Mit einem Mixstab die Fruchtmasse bis zur gewünschten Konsistenz mixen. Anschließend den Gelierzucker dazugeben und sofort gut verrühren. Die Fruchtmasse unter Aufsicht und regelmäßigem Rühren zum Kochen bringen. Vorsicht! Die Fruchtmasse klebt rasch am Topfboden. Nun die Fruchtmasse sogleich in vorbereitete saubere Gläser füllen und verschließen.

PRAXISTIPP

Statt Orangensaft kann auch Apfelsaft oder entsprechend mehr Sanddorn-Fruchtmus verwendet werden.

SANDDORN-TARTE

Polnisches Rezept

Für den Mürbteig
200 g Mehl
100 g Haselnüsse, gerieben
200 g Butter
3 Eidotter/Eigelb
200 g Staubzucker/Puderzucker
1 EL Vanillezucker
1 TL Backpulver

Für die Fülle
1 Glas Sanddornmarmelade

Backofen auf 200 °C vorheizen. Haselnüsse, Zucker und Backpulver mit Mehl vermischen, die kalte Butter mit einem Messer zerkleinern und mit dem Mehlgemisch gut verbröseln. Dann die Eidotter dazugeben und rasch zu einem Mürbteig kneten. Den Teig in Frischhaltefolie wickeln und eine halbe Stunde in den Kühlschrank stellen. Die Teigmenge reicht für den Boden von zwei mittelgroßen Tartes aus.

Nun ein Viertel des Teiges beiseite geben. Den restlichen Teig in 2 Teile teilen, diese je ca. 5 mm dick rund ausrollen und in eine Form legen, dabei die Ränder etwa 2 cm hochdrücken.

Die Teigböden mit Sanddornmarmelade dick bestreichen. Den restlichen Teig dünn ausrollen, Kekse ausstechen und auf die Tartes platzieren.

Die Tartes in den vorgeheizten Backofen geben und 15–20 Minuten backen.

SANDDORN-TOPFEN-TORTE

Fruchtig, schmeckt das ganze Jahr

Für den Teig
- 80 g Zucker
- 2 Eier
- 80 g Mehl
- 130 g Karotten, fein gerieben
- 50 g Mandeln, gerieben
- ½ TL Zimt
- 1 Prise Nelken
- 1 Prise Ingwer
- 1 Stk Kumquat, sehr klein geschnitten
- ½ Pkg Weinsteinbackpulver

Für die Topfencreme
- 500 g Topfen/Quark
- 150 ml Sanddornsaft
- 6 Blatt Gelatine
- 1 Pkg Vanillezucker
- 100 g Staubzucker/Puderzucker
- Etwas Butter für die Form

Backofen auf 160 °C Umluft vorheizen, Tortenform ausfetten und bemehlen, alternativ mit Backpapier auslegen.

Zucker und Eier mit einem Rührgerät rühren, bis eine helle Creme entsteht. Inzwischen die Kumquat sehr klein schneiden und die Karotten fein reiben. Mehl, Mandeln, Gewürze und Backpulver miteinander in einer Schüssel vermischen. Anschließend das Mehlgemisch, Karotten und Kumquat zur Eiercreme geben und vorsichtig unterrühren. Den Teig in die vorbereitete Tortenform füllen, glattstreichen und auf mittlerer Schiene 25 Minuten backen. Auskühlen lassen.

Blatt-Gelatine in kaltem Wasser einweichen. 2 EL vom Sanddornsaft in einen kleinen Topf geben, leicht erhitzen, die Gelatineblätter ausdrücken und dazugeben. Unter Rühren auflösen. Topfen, Staubzucker, restlicher Sanddornsaft und Vanillezucker gut verrühren, danach die aufgelöste Gelatine zügig unterrühren.

Die Sanddorn-Topfencreme wird nun auf den erkalteten Tortenboden gestrichen und gleichmäßig verteilt.

Die Torte sollte nun zugedeckt mindestens 6 Stunden, besser über Nacht, im Kühlschrank gekühlt werden. Anschließend aus der Form nehmen und nach Belieben mit Schlagobers, Sanddornmarmelade oder frischen Sanddornbeeren dekorieren und servieren.

PRAXISTIPP

Sanddornsaft kann mit etwas Gelatine verrührt auf die Torte getropft werden, dabei entsteht ein dekoratives Muster.

SANDDORN-ALE

Spritziges Sommer- oder Party-Getränk

- 115 g Zucker
- 3 Handvoll Sanddornbeeren
- ¼ TL Trockenhefe
- ½ Zitrone (Saft)
- 1 l Wasser

Alle Zutaten in eine Flasche mit ca. 1 ½ l Inhalt geben, Sanddornbeeren dabei etwas zerdrücken. Gut eignet sich eine 1 ½-l-PET-Getränkeflasche. Wichtig ist, genügend Platz in der Flasche freizulassen für die Gase, die sich dabei entwickeln. Die Flasche fest zugeschraubt für 24–48 Stunden an einem warmen Ort stehen lassen. Anschließend vorsichtig öffnen, Flasche steht schon unter Druck! Die Sanddornbeeren abseihen und die Flasche in den Kühlschrank geben, um den weiteren Gärprozess zu verlangsamen bzw. zu unterbinden.

ACHTUNG!

Leicht alkoholisches Getränk, nicht für Kinder geeignet!

SCHISANDRA (*Schisandra chinensis*, SPALTKÖLBCHENGEWÄCHSE)

Mäßig stark wachsende Kletterpflanze mit kleinen weißen Blüten und roten Beeren mit fünf Geschmäckern, wird als „Superfood“ gehandelt

Wuchsform: Kletterpflanze
Verwendung: Frischverzehr, Verarbeitungsfrüchte

© E. Kuntschke

Pflanzenportrait

Schisandra wird auch als Spaltkölbchen oder Fünf-Geschmacks-Frucht bezeichnet. Sie ist in Korea, Japan und dem Amurgebiet sowie von Nordchina bis Sichuan heimisch.

Sie wächst in ihrer Heimat als Kletterpflanze im Unterwuchs lichter Wälder und kann bis zu 10–15 m hoch hinaufwachsen. Bei uns wird diese sommergrüne Pflanze mit dünnen, etwas kantigen Trieben etwa 5 m hoch. Aufgrund der Wurzelausläufer kann sie Dickichte bilden. Ihre dunkelgrünen, 10–15 cm langen Blätter sind eiförmig bis elliptisch und weisen einen gezähnten Blattrand auf. Auffällig ist der gerötete Blattstiel und die früh einsetzende gelbe Herbstfärbung.

Die duftenden, gelblich weiß bis blassrosa Blüten von Schisandra können zweihäusig oder einhäusig, gelegentlich auch zwittrig sein. Das Geschlecht kann auch von Jahr zu Jahr wechseln. Sie sind etwa 1,5 cm breit, glockig bis trichterförmig und sitzen zu mehreren an 2–3 cm langen Stielen an den Kurztrieben vorjähriger Langtriebe. Sie blühen von Mai bis Juni und werden durch Fliegen und Käfer bestäubt. Die ährenartigen Fruchtstände mit roten Früchten reifen ab August bis September.

Standort, Verwendung im Garten

Das Spaltkölbchen kann als Kletterpflanze zur Begrünung von Pergolen und zur Verkleidung von Wänden (mit Klettergerüst) verwendet werden. Der Wuchs, die Herbstfärbung und der Fruchtschmuck sind zierende Aspekte im Garten.

Schisandra stellt keine besonderen Ansprüche, bevorzugt allerdings halbschattige bis sonnige Lagen sowie frische und nährstoffreiche, schwach saure Böden. Staunässe wird nicht vertragen. Die Pflanzen sind sehr kältetolerant, aber wegen des frühen Austriebes (ähnlich wie die Kiwiberry) leider etwas spätfrostgefährdet.

Allgemeines

In den letzten Jahren hat Schisandra oder Wu-Wie-Zi bei uns als Wunderpflanzen (Superfruit) Furore gemacht. Auch als Vitalbeere, Fünf-Aroma-Frucht, Liebesbeere und Chinesischer Limonenbaum wird sie gehandelt.

Im Fernen Osten Russlands wird Schisandra als „Limonik“ bezeichnet, da die Beeren besonders stark zitronig schmecken. Sie werden dort sowohl frisch als auch in getrockneter Form auf den lokalen Märkten angeboten.

Die Vermehrung ist durch Samen (Stratifizieren) gut möglich, Sämlingspflanzen fruchten nach etwa 4–5 Jahren. Man kann zur Vermehrung auch Wurzelausläufer abtrennen und diese weiterkultivieren.

Zur Kultur kann man jeweils 1–3 Triebe an einem Gerüst hochziehen und befestigen. Alle schwachen und ungeeigneten Triebe werden in den folgenden Jahren entfernt, die verbliebenen oberhalb des 12.–15. Blattes eingekürzt.

Schisandra-Dickichte bieten verschiedenen Vögeln gute Nistmöglichkeiten.

In Nordost-China und Korea wird Schisandra in Plantagen angebaut.

Gesundheitliche Wirkung

Schisandra-Produkte werden in der Traditionellen Chinesischen Medizin verwendet. Die Fruchtdroge zeigt (im Tierversuch) deutliche antientzündliche, antioxidative, antikarzinogene und energetisierende Wirkung. Beim Menschen zeigen sich eindeutige leistungs- und aufmerksamkeitssteigernde Effekte. Bei Magen- und Zwölffingerdarmgeschwüren führten Fruchtdrogen zu einer schnelleren Abheilung, bei Leberentzündungen normalisierten sich die Leberwerte innerhalb von 4 Wochen.

In der TCM ist die Schisandrafrucht, auch 5-Geschmacks-Frucht genannt, ein wichtiges Mittel, das den Funktionskreisen Nieren, Lunge und Herz zugeordnet wird. Nachgesagt werden ihr neben allgemein adaptogener Eigenschaften eine Reihe von Wirkungen, wie die Stimulation des zentralen Nervensystems, Leberschutz, immunstimulierenden bis hin zu antibiotischen Mechanismen.

Früchte

Die Früchte sind kugelige bis ovale, 5–8 mm dicke scharlachrote Beeren, die an langen Stielen hängen und ährenartige Fruchtstände bilden. Diese können aus 20–30 Einzelfrüchten zusammengesetzt sein. Sie reifen bereits im August, werden am besten im September geerntet, sie können aber noch bis in den Oktober an den Pflanzen hängen. Sie enthalten jeweils zwei nierenförmige Samen. Aus Samen gezogene Pflanzen können nach 4–6 Jahren etwa 1–2,5 (–5) kg pro Pflanze produzieren.

Schisandra-Beeren schmecken süß, säuerlich, scharf, bitter und salzig sowie aromatisch, sie vereinen damit alle fünf Geschmacksrichtungen. Der chinesische Name Wu-Wei-Zi bedeutet so viel wie „Kraut der 5 Geschmacksrichtungen“. Im Fruchtfleisch sind Kohlenhydrate, Faserstoffe, Proteine und Aminosäuren enthalten. Daneben sind noch Mineralstoffe und Spurenelemente (Kalium, Magnesium, Calcium, Phosphor, Eisen, Selen, Natrium und Jod) vorhanden. Auch mehrere Vitamine, darunter Vitamin C und Vitamin E, sind enthalten. Organische Säuren (11 % Zitronensäure, 7–8 % Apfelsäure), Pektin und Gerbstoffe runden das Inhaltspektrum ab. In den fettreichen Samen sind ätherische Öle (2 %), Fettsäuren und Lignane mit dem Wirkstoff Schizandrin (0,2–0,7 %) sowie weitere Schizandrin-Derivate enthalten.

Empfehlenswerte Sorten

Die VITALBEERE® ist selbstfruchtbar, sie kann anfangs zwar nur männliche oder nur weibliche Blüten bilden, ab dem zweiten Standjahr soll sie bereits fruchten. 'Sadova Nr. 1' ist eine Züchtung aus der Ukraine, deren Beeren etwa doppelt so groß sind wie jene der Wildformen. 'Take Five' ist eine weitere Sorte mit frühem Ertragseintritt. Es gibt noch zahlreiche weitere Sorten in der Ukraine und in Russland, diese sind bei uns jedoch nicht verfügbar.

Ernte & Lagerung

Die Ernte der Früchte erfolgt durch händisches Pflücken und anschließendes Abrebeln. Sie müssen schnell verarbeitet werden.

Die frischen Beeren können 1–2 Wochen im Kühlschrank gelagert oder zur späteren Weiterverarbeitung tiefgefroren werden. Man kann sie auch in einfacher dünnlagiger Schicht trocknen und so haltbar machen. Außerdem kann man die Beeren bei einer Temperatur von 40 °C im Dörrapparat oder im Backofen schonend trocknen.

Verarbeitung der Früchte

Meist werden die Früchte getrocknet. Man isst sie entweder roh oder fügt sie Müslimischungen bei.

HINWEIS

Bei uns angebotene getrocknete Schisandra-Früchte entsprechen keineswegs unserem Geschmack. Allerdings hatten wir die Möglichkeit, im Fernen Osten Russlands frische Schisandra-Beeren in den dort vorherrschenden Wäldern zu verkosten. Diese Beeren schmeckten vorrangig angenehm zitronig, gleichzeitig war auch der süße, bittere, salzige und herb pfeffrige Geschmack vorhanden.

Der sehr intensive Geschmack der Beeren ist eine Herausforderung für alle Geschmacksknospen. Das Fruchtfleisch schmeckt süß-sauer, die Schale zitronig/sauer-pfeffrig und salzig, die Kerne schmecken bitter. Getrocknete Beeren können täglich genascht oder zu Honig-Sirup weiterverarbeitet werden.

Die jungen Blätter der Pflanze können als Gemüse gegart oder getrocknet als kräftigender Tee zubereitet werden. In ihrer Heimat wird auch aus den Trieben der Kletterpflanze Tee bereitet.

Rezepte

SCHISANDRA-HONIGSIRUP

25 g Schisandra-Beeren, getrocknet
400 g Wasser
240 g Honig

Wasser und Schisandra-Beeren in einen Topf geben und zum Kochen bringen. Nun die Hitze reduzieren und 30 Minuten lang ohne Deckel köcheln, bis die Hälfte der Flüssigkeit verdampft ist.

Anschließend abseihen und auf Raumtemperatur abkühlen lassen. Zum Schluss wird der Honig mit der Flüssigkeit gut verrührt und in eine Flasche abgefüllt. Dieser Sirup ist im Kühlschrank 1 Monat haltbar.

PRAXISTIPP

Der süß-säuerliche wohlschmeckende Sirup kann ins Müsli oder Joghurt gerührt oder mit Wasser oder Tee getrunken werden. 1 EL täglich soll das Immunsystem unterstützen und für erholsamen Schlaf sorgen.

SCHLEHDORN (*Prunus spinosa*, ROSENGEWÄCHSE)

© E. Kuntschke

Anspruchsloser, sparrig wachsender, Ausläufer treibender Strauch von mittlerer Größe, unzähligen weißen Blüten und bis 1,8 cm großen, schwärzlich blau bereiften, stark adstringierenden Früchten. Sie verlieren ihre Adstringenz nach Frosteinwirkung.

Wuchsform: Normalstrauch
Verwendung: Verarbeitungsfrüchte

Pflanzenportrait

Schwarzdorn und Hagedorn sind weitere Namen für den Schlehdorn. Seine ursprüngliche Heimat ist wahrscheinlich Vorder- bis Mittelasien. Heute ist der Schlehdorn von West-Asien bis Europa und Nordafrika anzutreffen.

Der Schlehdorn ist ein sehr sparriger, 1–3 (–5) m hoher Strauch, der sich durch massive Wurzelausläufer stark ausbreitet (bis 10 m) und Dickichte bildet. Junge Sträucher sind stark bedornt, an alten Sträuchern verlieren sich diese weitgehend.

Die 3–4 cm großen Blätter erscheinen erst nach den Blüten. Diese entfalten sich massenweise entlang der Triebe ab Mitte März bis April. Die Einzelblüte ist reinweiß, etwa 1,5 cm groß. Die Blüten sind gestielt und sitzen dichtgedrängt, aber meist einzeln an den Zweigen. Die blau bereiften Früchte reifen ab Oktober/November.

Standort, Verwendung im Garten

Im Hausgarten ist der Schlehdorn ausschließlich zur extensiven Begrünung von sonnigen Böschungen oder in freiwachsenden Hecken mit großzügigem Platzangebot verwendbar. Zur Abgrenzung von großen Gärten zur Landschaft hin kann eine undurchdringliche Schlehenhecke gute Dienste leisten.

Auf Zwetschken-Unterlagen veredelte Pflanzen können im Hausgarten aber schon verwendet werden, insbesondere die großfruchtigen Sorten. Allerdings können zu Boden gefallene und keimende Samen im Garten recht lästig werden.

Schlehen sind sehr anpassungsfähig. Sie gedeihen auf trockenen, mageren, frisch-nährstoffreichen, kalkreichen Böden, tolerieren aber auch noch mäßig saure Böden. Vor allem benötigen sie vollsonnige Standorte.

Allgemeines

Der Name Schlehe ist möglicherweise aus dem slawischen „sliva“ (Zwetschke) abgeleitet.

Man fand Steinkerne der Schlehen in den Pfahlbauten am Bodensee aus der Jungsteinzeit.

Man vermutet, dass Zwetschken, Mirabellen und Reineclauden vor langer Zeit aus einer Kreuzung zwischen der Schlehe und der Kirschpflaume entstanden sind.

Schlehen lassen sich aus Samen vermehren, die daraus herangezogenen Pflanzen sind für den Garten wenig geeignet, da sie wegen der Wurzelausläufer Dickichte bilden. Veredelungen auf Zwetschken-Unterlagen haben den Vorteil, dass diese Bäumchen einen kurzen Stamm bilden und die Ausläuferbildung wegfällt.

Ähnlich wie bei Zwetschken können Pflaumengespinstmotten, Sägewespen, Schild- und Blattläuse sowie Spinnmilben auftreten. Wie bei Zwetschken können so genannte „Narrentaschen“ auftreten. Auch Infektionen mit dem Scharka-Virus sind möglich.

Der Schlehdorn ist ein Eldorado für die heimische Tierwelt. Alle Pflanzenteile und die Früchte der Schlehe dienen unzähligen heimischen Tierarten (Vögel, Insekten, vor allem Bienen etc.) als Nahrungsquelle, die dornigen Sträucher sind willkommene Wohnstätten. Der Neuntöter spießt seine Beute (Mäuse und Insekten) an den Dornen des Schlehenstrauches auf.

Im Mittelalter hat man aus dem Schlehdorn die so genannte „Dornentinte“ hergestellt. Noch heute wird sie in gut sortierten Tintenmanufakturen angeboten.

Gesundheitliche Wirkung

Der Schlehe werden zahlreiche heilende Wirkungen zugeschrieben. Hildegard von Bingen empfahl die Schlehenfrüchte bei Appetitlosigkeit, Entzündungen sowie bei Schlaflosigkeit und Blasenbeschwerden. Hieronimus Bock schrieb, dass ein Absud aus den Beeren, der Rinde und den Wurzeln, in saurem Wein gesiedet, zum Gurgeln bei „Geschwären“ im Mund- und Rachenbereich sowie des Zahnfleisches Linderung bringt. Sebastian Kneipp bezeichnet die Schlehe (Tee aus getrockneten Blüten) als „das schuldloseste Abführmittel“. In der Volksheilkunde wird der Tee auch als Blutreinigungsmittel verwendet. Auch in der Homöopathie werden frische Blüten eingesetzt, sie sind Bestandteil einiger Abführ- und Entschlackungstees. Sie sollen bei Erkrankungen der Niere und der ableitenden Harnwege bzw. bei Herzproblemen helfen. In der Homöopathie kommt die Schlehe bei Herzschwäche und Nervenschmerzen im Kopfbereich zum Einsatz.

Früchte

Die Schlehenfrüchte sind kugelige bis eiförmige, 1,0–1,8 cm große, schwärzlich und blau bereifte Steinfrüchte. Das Einzelfruchtgewicht beträgt etwa 2,0–4,0 g. Um den großen Steinkern befindet sich nur wenig Fruchtfleisch, welches sich schlecht vom Kern löst. Sie reifen ab Oktober/November. Unreife Früchte schmecken sehr adstringierend, nach Frosteinwirkung bzw. wenn sie lange genug an den Sträuchern hängen, werden sie essbar und schmecken dann süß-säuerlich.

An Inhaltstoffen sind Fruchtsäuren (0,4–0,5 %) und Gerbstoffe enthalten, welche für den adstringierenden Geschmack verantwortlich sind. Daneben sind noch bis zu 10,7 % Zucker sowie Farbstoffe und Mineralstoffe vorhanden. An Vitamin C sind etwa 50 mg/100 g und die Vitamine B_1 und B_2, weiters Carotinoide, Flavone und Amygdalin enthalten.

HINWEIS

Obwohl die Schlehen im zeitigen Frühjahr ungemein reich blühen, ist der Fruchtansatz mitunter sehr gering. Es gibt aber auch Bestände, die durchaus reichfruchtend sind. In manchen Jahren fruchten die Sträucher überreich.

Empfehlenswerte Sorten

Auf Zwetschken-Unterlagen veredelt, sind folgende Sorten erhältlich: 'Nittel' (kompakter Wuchs, Zweige leicht bedornt, reicher Fruchtansatz), 'Maarli' (Zufallssämling mit besonders großen Früchten, leicht pflückbar), 'Merzig' (großfruchtige Auslese mit früher Blütezeit und süß-säuerlichen Früchten) sowie 'Reto' (großfruchtige Kulturschlehensorte, deren Früchte weniger gerbstoffhaltig sind).

Ernte & Lagerung

Je nach Region ca. Ende Oktober. Die Ernte der Schlehenfrüchte ist sehr mühsam, da diese an nur ganz kurzen Stielen fest an den Zweigen sitzen und die Kurztriebe in starken Dornen enden. Am besten biegt man mit einer Hand (mit einem dicken Lederhandschuh!) einen Ast zur Seite, dann kann man mit der zweiten Hand die Früchte pflücken.

Nach der Ernte rasch verarbeiten. Schlehen kann man auch gut tiefgefrieren und sie lassen sich somit für einige Zeit lagern.

Verarbeitung der Früchte

Die Verarbeitung der Früchte ist ebenso mühsam wie deren Ernte. Dazu kommt, dass der Kernanteil unverhältnismäßig hoch ist und die Früchte nicht kernlösend sind. Man benötigt also eine große Menge an Früchten, wenn man ein Produkt (z. B. Marmelade) daraus bereiten möchte.

Es gibt kaum Angaben zur Saft- bzw. Fruchtausbeute für den Schlehdorn. Für 1 kg Schlehdorn benötigt man ca. 360–380 Früchte. Beim Entsaften (mit dem Dampfentsafter) erhält man pro kg Frucht ca. 450 ml Direktsaft. Für die Marmeladebereitung werden die Früchte passiert, man erhält etwa 750 g Fruchtfleisch pro kg frischer Früchte. Der Kern- und Schalenanteil beträgt ca. 25 %.

Schlehen kann man zu Marmelade, Gelee, Saft, Sirup, Likör und vielem mehr verarbeiten. Wir bereiten aus den Schlehen einen schmackhaften Likör zu.

HINWEIS

Das Frieren der Früchte allein ersetzt nicht den Reifeprozess. Erst wenn die gefrorenen Früchte eine gewisse Zeit nachreifen können, werden die adstringierenden Tannine abgebaut. Es hilft also nichts, die Früchte in die Tiefkühltruhe zu geben und danach gleich zu verarbeiten. Sie müssen anschließend noch für einige Tage aufgetaut gelagert werden, bis der Reifeprozess einsetzt.

Rezepte

SCHLEHEN-GELEE

4–5 kg Schlehen
1 kg Gelierzucker 2:1 oder 2 kg Gelierzucker 1:1

Die sauberen Früchte in einem Dampfentsafter entsaften. 4–5 kg Schlehen ergeben 2–2,5 Liter Schlehensaft.

2 Liter Saft abmessen, in einen Topf geben und mit dem Gelierzucker verrühren. Unter Aufsicht bis zum Kochen erhitzen und 3 Minuten kochen lassen. Den dabei entstandenen Schaum abschöpfen und das Gelee sofort in vorbereitete Gläser füllen und gut verschließen.

PRAXISTIPP

Probieren Sie, saure Früchte etwas saurer zu belassen. Sie schulen damit Ihre Geschmacksknospen.

SCHLEHENLIKÖR

1.000 g Schlehen
3 Nelken
½ Zimtstange
Schale von ½ Bio-Zitrone oder -Orange
300 g Kandiszucker
1.000 ml Korn, 38 Vol.-%

Schlehen waschen, verlesen und gut abtropfen lassen. Einige Früchte zerquetschen und dabei auch den Kern zerstoßen. Alle Früchte zusammen in ein großes Glas geben und etwas andrücken, damit sie platzen. Nun die Gewürze und den Kandiszucker dazugeben und mit Korn übergießen. Das Ansatzglas gut verschließen und 8 Wochen ziehen lassen. Ab und zu etwas schwenken, damit sich der Kandiszucker gut auflöst. Anschließend den Likör abseihen und noch weitere 2 Wochen reifen lassen.

PRAXISTIPP

Manche Likörhersteller belassen die Früchte bis zu einem Jahr im Ansatz.

SPILLING (*Prunus domestica ssp. oeconomica*, ROSENGEWÄCHSE)

Kleinbaum, manchmal auch nur Ausläufer treibender großer Strauch mit zwetschkenähnlichen, aber kleineren, meist gelben oder roten süß-säuerlichen Früchten, die zeitig abfallen und kernlösend sind und vollreif einen aromatischen Geruch verbreiten.

Wuchsform: Großstrauch bis Kleinbaum
Verwendung: Frischverzehr, Verarbeitungsfrüchte

Pflanzenportrait

Spillinge oder Spänlinge werden zu den Primitivpflaumen und Landrassen gerechnet. Sie werden heute nur mehr selten in alten Bauerngärten angetroffen. Es werden zwei Formen kultiviert: der 'Gelbe Spilling' und der 'Gelbrote' oder 'Rote Spilling'. Sie unterscheiden sich in erster Linie durch die Farbe der Fruchtschale.

Spillinge sind kleine Bäume oder baumartige Sträucher von 4–5 m Wuchshöhe und etwas sparrigem Wuchs. Sie blühen im April und sind selbstfruchtbar. Die gelben bzw. roten Früchte reifen bereits ab Mitte Juli bis August. Die süßen Früchte fallen zur Reifezeit schnell ab.

Spänlinge sind meist in extensiven Obstkulturen und Streuobstwiesen anzutreffen. Sie werden in der Regel nicht geschnitten, ebenso wenig werden Pflanzenschutzmaßnahmen durchgeführt. In Hecken und Gebüschen werden Spänlingsbäume öfters freigeschnitten. Sie werden auch nicht als Bäume in Baumschulen herangezogen. Ihre Vermehrung erfolgt im Wesentlichen durch das Ausgraben und Verpflanzen von Trieben aus Wurzelschösslingen.

Standort, Verwendung im Garten

Spillinge sind für den Garten wegen der frühen Reifezeit als veredelte Bäume interessant. Sie stellen keine besonderen Ansprüche und sind auch in sehr kalten Regionen noch gut winterhart.

Allgemeines

Bereits in der Römerzeit wurden Spillinge als Obst genutzt, wie Steinfunde aus dieser Zeit belegen. Der Name Spilling bezieht sich auf die spindelförmigen Samen.

Meist werden Veredelungen auf Sämlinge, Zwetschken-Unterlagen oder Myrabolanen angeboten.

Als Schnittmaßnahmen ist vor allem das Formieren der Krone bei jungen Bäumen wichtig.

Ähnlich wie bei Zwetschken können Pflaumengespinstmotten und Sägewespen auftreten.

Im oberen Murtal (Steiermark), in St. Lambrecht, mit seinem rauen Klima bestehen Bestrebungen vom Verein Domenico, den 'Gelben Spilling' als Leitprodukt für die Gegend zu etablieren. Das Obere Murtal, manchmal auch als ‚Steirisches Sibirien" bezeichnet, gilt als „Spänlings-Hotspot". Seit etwa 1940 wurden dort Spänlinge vom Talboden bis in etwa 1.000 m Seehöhe gepflanzt. Bauern und Gartenbesitzer werden über den Verkauf von Bäumen ermutigt, wieder Spänlinge zu pflanzen. Gleichzeitig wird versucht, Verarbeitungsprodukte für die Region zu kreieren. An der landwirtschaftlichen Fachschule in Feistritz wurde auch ein Spänlings-Kochseminar veranstaltet. Als Kompott sind diese Früchte weniger geeignet, weil sie sehr, sehr sauer sind. Man bereitet daraus aber Marmelade oder friert die Früchte ein. Aus der großen Masse der Früchte wird aber der Spänlingsschnaps gebrannt.

Gesundheitliche Wirkung

Keine Angaben.

Früchte

Spillinge oder Spänlinge sind sehr reichfruchtend. Spilling-Früchte sind länglich, asymmetrisch, nach unten leicht zugespitzt und mit breitester Stelle im oberen Drittel. Sie werden etwa 2,6–4,5 cm lang und 7–8 g schwer. Die Konsistenz des Fruchtfleisches ist mittelfest, der Steinkern löst sich vom Fruchtfleisch. Der Geschmack ist süß-säuerlich und sehr gut. Frische, reife Früchte verströmen einen besonders guten, aromatischen Geruch. Leider sind sie nur wenige Tage haltbar bzw. lagerfähig. Im gekochten Zustand schmecken sie leicht nach Bittermandel.

Empfehlenswerte Sorten

Der 'Gelbe Spilling' wird neben dem 'Roten Spilling' gelegentlich in Baumschulen angeboten. Es gibt auch einen 'Blauen Spilling', der etwas kleinere Früchte hervorbringt und nur noch selten kultiviert wird. Aus dem 'Stanzer Spänling' (Tirol) wird vorwiegend Schnaps gebrannt. Es ist dies eine lokale Besonderheit mit besonders großen hellrosa gefärbten Früchten mit intensivem Rosenduft. Das hellgelbe mehlige Fruchtfleisch weist eine dezente Fruchtsäure auf.

Ernte & Lagerung

Die Früchte sind vollreif und aromatisch, wenn sie vom Baum fallen. Man kann sie auch händisch pflücken, bevor sie von selbst abfallen. Reife Früchte sind nur kurz haltbar, sie sollten alsbald verarbeitet werden.

Verarbeitung der Früchte

Aus den Früchten wird in erster Linie Schnaps gebrannt. Die Früchte können auch zu Marmelade verarbeitet werden.

Rezepte

Die Spillingrezepte stammen alle von Christian Lindschinger, Gasthaus Winter, 8861 St. Georgen am Kreischberg.

SPILLING-(SPÄNLING-)MARMELADE

1.000 g Spänlinge
1.000 g Gelierzucker 1:1 oder 500 g Gelierzucker 2:1

Spänlinge in wenig Wasser weichkochen, so viel, dass sie nicht am Topfboden anbrennen, dabei öfter rühren, bis sich das Fruchtfleisch gut von den Kernen trennt.

Die weichen Früchte mittels Passiergerät (Flotte Lotte) entkernen und zu einem feinen Fruchtmus verarbeiten. Alternativ die Früchte durch ein Sieb streichen. Das Fruchtmus wird mit Gelierzucker verrührt und unter regelmäßigem Rühren aufgekocht. Nach 3 Minuten Kochzeit die Marmelade sehr heiß in vorbereitete saubere Gläser füllen und gut verschließen.

SPILLING-(SPÄNLING-)LIKÖR

1.000 g Spänlinge
2.000 ml Korn, 38 Vol.-%
Zucker nach Geschmack

Spänling-Früchte und den Korn zusammen in ein verschließbares Glas geben. Zucker nach Geschmack dazugeben, evtl. mit Vanilleschote, Zimtrinde oder Sternanis aromatisieren und 6 Wochen zugedeckt ziehen lassen. Nach 6 Wochen die Früchte abseihen, den Likör verkosten und in Flaschen abfüllen.

SPILLINGS-(SPÄNLINGS-)RÖSTER

1.000 g Spänlinge
Zucker nach Geschmack
Zimt
Nelken

Spänlinge entkernen und mit Zucker, Zimt und Nelken unter regelmäßigem Rühren aufkochen.

Nach einer Kochzeit von 3–4 Minuten den Röster abschmecken und in vorbereitete, saubere Gläser abfüllen und gut verschließen.

STACHELBEERE *(Ribes uva-crispa,* STEINBRECHGEWÄCHSE)

Altbewährter Beerenstrauch mit stacheligen Trieben und roten, grünen oder gelben Beerenfrüchten mit unterschiedlicher Reifezeit

Wuchsform: Kleinstrauch
Verwendung: Frischverzehr, Verarbeitungsfrüchte

Pflanzenportrait

Stachelbeeren werden auch volkstümlich als „Ogrosln“ bezeichnet. Die Früchte der Wildformen sind sehr stark mit Drüsenborsten versehen und für den Hausgarten nicht geeignet. Wegen der gesundheitlich wertvollen und für die Verarbeitung interessanten Früchte wird hier die Kultur-Stachelbeere vorgestellt.

Stachelbeer-Sträucher werden etwa 1–1,5 m hoch und wachsen sehr dicht, wenn man sie nicht regelmäßig auslichtet. Die Triebe sind je nach Sorte mehr oder weniger stark bedornt. Ihre Blätter sind 3–5-lappig und bis 3 cm lang. Aus den selbstfruchtbaren Blüten im April/Mai entwickeln sich bis Ende Juni/Juli die Beerenfrüchte.

Standort, Verwendung im Garten

Stachelbeeren bevorzugen im Garten einen lichtschattigen Standort. Sie sind zwar frosthart, ihre Blüte ist jedoch frostempfindlich. Ein mittelschwerer, mäßig nährstoffreicher, gut belüfteter Boden ist optimal. Trockene Böden sind ungeeignet, während längerer Trockenperioden sollte bewässert werden.

Bei der Sortenwahl sollte darauf geachtet werden, möglichst mehltauresistente Sorten zu verwenden.

Allgemeines

In Osteuropa war und ist die Stachelbeere auch heute noch eine beliebte Beerenobstart in den Hausgärten. Vor allen in England erlebte die Stachelbeere im 18. und 19. Jahrhundert mit über 400 Sorten ihre Blütezeit. Maurer beschreibt in seinem Stachelbeerbuch (1913) bereits 133 (vorwiegend) Liebhabersorten.

Der Schnitt ist ähnlich wie jener der Johannisbeeren. Man sollte hierbei aufgrund der Stacheln unbedingt darauf achten, dass die Früchte auch gut pflückbar sind.

Die Vermehrung erfolgt normalerweise durch Abrisse und Absenker. Stachelbeeren werden auch als Stämmchen angeboten, als Unterlage dient in diesem Fall die Gold-Johannisbeere (*Ribes aureum*).

Um 1900 wurde der Amerikanische Stachelbeermehltau eingeschleppt, der für viele Sorten ein großes Problem darstellt.

Gesundheitliche Wirkung

Stachelbeeren weisen einen hohen gesundheitlichen Wert auf.

Der hohe Gehalt an Ballaststoffen fördert die Darmtätigkeit bei zugleich sehr niedrigem Kalorienanteil. Ihnen wird eine cholesterinsenkende Wirkung zugeschrieben.

Schon im Mittelalter wurde die Stachelbeere zur Gesundheitsförderung eingesetzt. Durch die durch ihren hohen Kaliumgehalt entwässernde Wirkung wurde sie zum Ausspülen von Giftstoffen aus dem Körper verwendet.

Früchte

Es werden Sorten mit roten, grünen und gelben Beerenfrüchten kultiviert. Sie können von rundlicher, ovaler, eiförmiger oder verkehrt eiförmiger Gestalt sein. Man unterscheidet sie in frühe, mittelfrühe und spät reifende Sorten.

An Inhaltstoffen sind 8,8 g/100 g Kohlenhydrate, 0,2 g/100 g Fett, 0,8 g/100 g Eiweiß enthalten. Darüber hinaus sind noch Vitamin C (35 mg/100 g) und Vitamin B (0,04 mg/100 g) sowie Kalium (203 mg/100 g) und Calcium (29 mg/100 g) erwähnenswert.

Empfehlenswerte Sorten

'Invicta' ist eine mehltauresistente Sorte mit mittelgroßen grünen Früchten, die erst bei Vollreife gut schmecken. Sie hat eine frühe Reifezeit (ab Mitte Juni) und einen stark-aufrechten Wuchs. 'Weiße Triumphbeere' fruchtet Anfang Juli, ist frostfest und robust, aber mittelmäßig anfällig für Mehltau und bekommt runde, grüne Früchte mit leichter Behaarung und feinem Aroma.

'Rokula' ist eine neuere, gegenüber Stachelbeermehltau und Blattfallkrankheit robuste Sorte mit großen, glattschaligen, dunkelroten aromatischen Früchten.

Ernte & Lagerung

Stachelbeeren kann man, je nach Sorte, von Juni bis August ernten. Der Name sagt schon, dass Vorsicht bei der händischen Ernte angebracht ist. Die Stacheln sind sehr spitz und stechen verlässlich gut. Erntet man die Beeren vor der Vollreife, sind sie bestens zur Herstellung von Marmeladen geeignet. In diesem Stadium enthalten sie mehr Pektin als zur Vollreife.

Stachelbeeren können eine Woche lang problemlos im Kühlschrank gelagert werden. Vollreife Früchte verderben rascher und sollten daher bald nach der Ernte verarbeitet werden. Einfrieren ist ebenso möglich. Hierbei empfiehlt es sich, die Früchte vor der Vollreife zu ernten, diese platzen beim Tiefgefrieren nicht so leicht auf.

Verarbeitung der Früchte

Stachelbeeren können zu Marmeladen, Gelees, Chutneys, Kuchen, Sirup und vielem mehr verwendet werden. Für Marmeladen verwenden wir die grünen Sorten, einfach weil uns die Farbe besser gefällt. Die roten Stachelbeeren verwenden wir für Chutneys.

Rezepte

STACHELBEEREN-FEIGEN-CHUTNEY

1.000 g Stachelbeeren
500 g Feigen
200 g Zitronenquitten
500 g Gelierzucker 2:1
2 gr. Zwiebel, fein gewürfelt
4 EL Rosinen
3 Knoblauchzehen, gehackt
etwas abgeriebene Bio-Zitronenschale
4 EL Zitronensaft
8 EL Apfelessig
2 EL Ingwer, gerieben
1 TL Zimt, gemahlen
½ TL Nelken, gemahlen
2 TL Salz
Chili, wer es gerne schärfer mag

Stachelbeeren waschen, Stiele und Blütenansätze entfernen. Feigen putzen, dabei Stängelansätze und schadhafte Stellen entfernen und in kleine Stücke schneiden. Bei Feigensorten mit gröberer Schale eventuell auch die äußerste Haut abziehen. Zitronenquitten waschen, Kerngehäuse entfernen und in kleine Stücke schneiden.

Alle Zutaten zusammen in einen geeigneten Topf geben, unter Rühren langsam aufkochen und ca. 5 Minuten köcheln lassen. Wer das Chutney sämiger mag, kann die Masse mit einem Mixstab etwas pürieren, bis die Konsistenz gefällt. In vorbereitete saubere Gläser füllen und sofort gut verschließen.

PRAXISTIPP

Wer es gerne schärfer mag, kann mit etwas Chili feurige Noten ins Chutney bringen. Vorsicht, auch Ingwer verleiht dem Gericht etwas Schärfe.

STACHELBEER-KUMQUAT-MARMELADE

Man kann stattdessen auch eine Bio-Orange verwenden oder nur Stachelbeeren ohne zusätzliche Aromen.

1.000 g Stachelbeeren (grüne)
12 St. Kumquat oder 1 Bio-Orange
500 g Gelierzucker 2:1

Stachelbeeren waschen (1), Stiele und Blütenansätze entfernen. Kumquat waschen, in dünne Scheibchen schneiden (2), diese dann in feine Streifen schneiden (3). Falls eine Bio-Orange verwendet wird, diese gut waschen und mit einem Zestenreißer die Hälfte der äußeren Orangenhaut abschälen. Die Orange anschließend schälen und in Spalten teilen, diese in kleine Stücke schneiden. Alle Zutaten in einem großen Topf gut vermischen, Stachelbeeren etwas zerdrücken. Die Masse eine Stunde ziehen lassen (4). Anschließend langsam und unter gelegentlichem Rühren bis zum Kochen erhitzen. Wer die Marmelade sämiger mag, kann mit einem Mixstab bis zur gewünschten Konsistenz mixen. Das Fruchtmus 3 Minuten kochen lassen, dann in vorbereitete saubere Gläser füllen und sofort verschließen.

JAPANISCHE WEINBEERE *(Rubus phoenicolasius,* ROSENGEWÄCHSE)

Mittelgroßer Strauch mit Tendenz zur Ausläuferbildung und auffällig rot beborsteten überhängenden Trieben. Die im Juli bis August reifenden kugeligen orangeroten Früchte schmecken angenehm säuerlich.

Wuchsform: Normalstrauch
Verwendung: Frischverzehr, Verarbeitungsfrüchte

Pflanzenportrait

Die Japanische Weinbeere ist mit der Himbeere und der Brombeere verwandt und stammt aus Ostasien (China, Korea und Japan). Sie wird auch als Rotborstige Himbeere bezeichnet, weil alle Triebe dicht borstig behaart sind. Es handelt sich hierbei um einen 2–3 m hohen Strauch mit aufrechten Grundtrieben und überhängenden bis niederliegenden Seitentrieben. Neben der Behaarung finden sich auch wenige dünne Stacheln entlang der Triebe. Sie entwickeln auch Wurzelausläufer.

Interessant sind die unterseits weißfilzigen, etwa 10 cm langen, 3–5-zähligen Blätter. Die Blütezeit fällt in den Frühsommer (ab Juni/Juli) hinein. Ihre Früchte reifen ab Juli bis August.

Standort, Verwendung im Garten

Die Japanische Weinbeere ist ein interessanter Fruchtstrauch für den (Nasch-)Garten. Wegen der überhängenden Triebe wird ähnlich wie bei Brombeeren ein Klettergerüst benötigt. Man kann damit auch Zäune und Mauern beranken oder eine fruchttragende Hecke damit gestalten. Oder man bindet je 5–7 Triebe an einem Pfahl an und kürzt diese in etwa 2 m Höhe ein, damit die Früchte leichter zu beernten sind.

Außerdem kann man auch halbschattige Standorte (z. B. Böschungen) extensiv mit der Japanischen Weinbeere bepflanzen, allerdings werden die Triebe dann den Boden bedecken.

Die Pflanzen bevorzugen geschützte Lagen (Weinbauklima), junge Pflanzen können einen Winterschutz (z. B. mit Reisig) gut vertragen.

Allgemeines

Wenn man regelmäßig Früchte ernten möchte, die Pflanzen aber nicht allzu große Ausmaße annehmen sollen, dann muss man sie unbedingt schneiden. Dazu schneidet man am besten die abgetragenen Triebe nach der Ernte bodennah heraus.

Die rotborstigen Triebe stellen einen interessanten Winteraspekt dar.

Die Vermehrung erfolgt am besten durch Wurzelausläufer, Absenker oder Ableger.

Japanische Weinbeeren sind resistent gegen den Himbeerkäfer, aber ein Virusbefall ist möglich.

Gesundheitliche Wirkung

Die Japanische Weinbeere ist mit der Himbeere verwandt und hat ähnliche Inhaltstoffe.

Früchte

Weinbeeren-Früchte sind halbkugelige, intensiv orangerot bis leuchtendrote Sammelsteinfrüchte. Auffällig sind die rotborstigen Kelche, welche die Früchte umgeben. Die Früchte schmecken angenehm säuerlich. Ihre Reifezeit erstreckt sich von Juli bis August.

Der Ertrag bei Weinbeeren beträgt etwa 3–5 kg pro Strauch.

Empfehlenswerte Sorten

Sorten sind nicht bekannt.

Ernte & Lagerung

Die Früchte der Japanischen Weinbeere reifen zwischen Juli und August. Sie werden per Hand geerntet. Die Beeren sind klebrig und wegen der vielen Stacheln an den Trieben muss man sehr vorsichtig bei der Ernte sein. Angenehm ist, dass auf den klebrigen Beeren kaum Insekten zu finden sind.

Die Beeren kann man einige Tage im Kühlschrank lagern und gut tiefgefrieren.

Verarbeitung der Früchte

Tiefgefrorene Beeren behalten nach dem Auftauen ihre Form, Struktur und Farbe und werden nicht matschig und unansehnlich. Deshalb sind sie ideal zum Dekorieren in der süßen Küche geeignet. Wir mischen die Beeren ganzjährig in Blattsalate oder ins Müsli. Marmeladen schmecken frisch säuerlich und bestechen durch ihre schöne rote Farbe. Die Kerne entfernen wir mit einem Passiergerät (Flotte Lotte) mit der kleinsten Lochscheibe.

Rezepte

JAPANISCHE-WEINBEEREN-MARMELADE

Säuerliche Marmelade mit schöner roter Farbe

1.200 g Japanische Weinbeeren
300 g Zitronenquitten
500 g Gelierzucker 2:1

Zitronenquitten waschen, vierteln und das Kerngehäuse entfernen. Die Fruchtstücke anschließend in einen Topf mit 5–6 EL Wasser geben und 10 Minuten zugedeckt bei mittlerer Hitze dünsten. Nach 10 Minuten Kochzeit die Weinbeeren dazugeben und noch 5 Minuten weiterdünsten, bis die Zitronenquitten weich sind. Wenn nötig, noch etwas Wasser hinzufügen. Nun mittels Passiergerät mit einer kleinen Lochscheibe das Fruchtmus von Kernen und Schalen trennen. Das Fruchtmus in einem Topf mit dem Gelierzucker verrühren und unter regelmäßigem Rühren langsam zum Kochen bringen. Nach 3 Minuten Kochzeit die Marmelade in vorbereitete Gläser füllen und sofort verschließen.

PRAXISTIPP

Hat man keine Zitronenquitten zur Verfügung, kann man die Marmelade auch mit säuerlichen Äpfeln oder Quitten zubereiten.

WEINGARTEN-PFIRSICH (*Prunus persica*, ROSENGEWÄCHSE)

Gegenüber Krankheiten wenig empfindlicher, kleiner, wärmeliebender, oft kurzlebiger Baum mit überaus aromatischen Früchten mit etwas pelziger Fruchtschale

Wuchsform: Kleinbaum
Verwendung: Frischverzehr, Verarbeitungsfrüchte

Pflanzenportrait

Die ursprüngliche Heimat der Pfirsiche ist China. Es sind sehr alte Nutz- und Kulturpflanzen, die über den kleinasiatischen Raum und das Mittelmeergebiet nach Mitteleuropa gekommen sind.

Der Weingarten-Pfirsich ist eine spezielle Art unter den Pfirsichen. Er wird nicht, wie die bekannte Obstart Pfirsich, vegetativ durch Veredelung, sondern aus Samen vermehrt. Vom Weingarten-Pfirsich gibt es zahlreiche Lokalsorten. Er wächst zu einem kleinen Baum von 3–5 m heran und ist eher kurzlebig. Aussehen und Blüten sind dem bekannten Pfirsich ähnlich. Da er in der Regel nicht geschnitten wird, bilden sich oft viele dünne überhängende, teils etwas verkahlte Zweige aus.

Die rosa Blüten des Weingarten-Pfirsichs öffnen sich im April, die wohlschmeckenden Früchte reifen von Ende August bis Mitte September.

Standort, Verwendung im Garten

Weingarten-Pfirsiche sind interessante Fruchtbäume für den Garten, weil sie auch ohne Schnitt gut auskommen. Sie produzieren dann kleinere, aber ebenso wohlschmeckende Früchte. Ein kleiner Nachteil ist dann allerdings, dass die Bäume eher frühzeitig vergreisen. Weingarten-Pfirsiche sind wärmebedürftig und benötigen einen geschützten Standort und einen durchlässigen, kalkhaltigen Boden. Optimal sind Standorte im Weinbauklima.

Allgemeines

Pfirsiche werden bereits seit etwa 1.000 Jahren im Mittelmeerraum kultiviert. Sie wurden von den Römern nach Süd- und Mitteleuropa gebracht.

Um die Jahrhundertwende waren die Weinbaugebiete weitgehend durch die Reblaus zerstört. Man pflanzte deshalb (und mangels vorhandener Geldmittel) Weingarten-Pfirsiche, die aus Samen gezogen wurden und deshalb kostengünstig waren. Dadurch entwickelte sich eine große genetische Vielfalt.

Schnittmaßnahmen sind nicht notwendig. Da diese Pfirsiche an den Langtrieben fruchten, neigen die dickeren Äste zum Verkahlen. Deshalb ist es empfehlenswert, diese abgetragenen Triebe regelmäßig zu entfernen. Als Nebeneffekt erhält man so auch größere Früchte.

Weingarten-Pfirsiche sind wenig anfällig gegenüber der Kräuselkrankheit und Mehltau, Winter- und Blütenfröste tolerieren sie ebenfalls besser.

Weingarten-Pfirsiche lassen sich einfach durch Samen vermehren, sie müssen allerdings stratifiziert werden. Inzwischen werden auch veredelte Weingarten-Pfirsiche angeboten, diese können wie Kultursorten geschnitten werden und bringen dadurch wesentlich größere Früchte hervor.

Gesundheitliche Wirkung

Schon der griechische Arzt Dioscorides hat dem Pfirsich Wirkung auf die Verdauung zugeschrieben: abführend im reifen Zustand, im unreifen stopfend. Bei Hildegard von Bingen findet man Zubereitungen aus den Blättern, der Rinde und dem Holzsaft als Mittel gegen Ekzeme und Parasiten.

Früchte

Der Weingarten-Pfirsich bildet sehr aromatische, wohlschmeckende Früchte unterschiedlicher Größe.

Ihre Fruchtschale kann gelbrötlich oder grünrot sein. Es gibt früh- und spätreifende Sorten, auch rotfleischige Typen befinden sich darunter. Alle weisen einen intensiven Pfirsichgeschmack auf. Sie reifen sukzessive und fallen, sobald sie reif sind, gleich ab. Zu früh geerntete Früchte reifen nicht nach.

Empfehlenswerte Sorten

Der 'Steirische Weingarten-Pfirsich' stammt aus dem Hügelland der Weinregion Südweststeiermark. Die mittelgroßen Früchte sind rot mit gelb gefärbter Fruchthaut, die leicht behaart ist. Das saftige Fruchtfleisch ist vom Kern her rot eingefärbt und weist einen intensiven Pfirsichgeschmack mit leichtem Mandelton auf. Die Früchte reifen Anfang September. Der 'Poysdorfer Weingarten-Pfirsich' ist nur wenig behaart, er weist einen typischen Wildpfirsichgeschmack auf und reift Mitte bis Ende September. Der 'Wachauer Weingarten-Pfirsich' ist eine robuste Sorte mit mittelgroßen Früchten. Seine rot und gelb gefärbte Schale ist leicht behaart, das weiße Fruchtfleisch ist saftig und hat einen leichten Mandelton.

Ernte & Lagerung

Die kleinen kräftig-aromatischen Weingarten-Pfirsiche reifen im August. Sie werden per Hand geerntet, sobald sich die Fruchtschale samtig-weich anfühlt. Der optimale Erntezeitpunkt ist einige Tage vor der Vollreife. Weingarten-Pfirsiche reifen sukzessive innerhalb von etwa 1–2 Wochen und fallen dann sogleich vom Baum. Pfirsiche, die einige Tage vor der Vollreife geerntet werden, kann man im Kühlschrank etwa eine Woche lagern. Vollreife Früchte lassen sich nur 2–3 Tage lagern, sie müssen rasch verzehrt oder zu Marmeladen, Chutneys, Säften, Kompotten oder zu einem aromatischen Likör weiterverarbeitet werden.

Verarbeitung der Früchte

Die Früchte werden frisch gegessen.

Da die Weingarten-Pfirsiche regional sehr unterschiedlich sind, gibt es eine große Bandbreite an Geschmäckern. Bei reifen Früchten lässt sich die Haut normalerweise gut abziehen, die Kerne lösen sich, je nach Sorte, ebenfalls gut. Nach der Ernte sollen die Früchte zügig verarbeitet werden, da sie schnell braune Druckstellen entwickeln bzw. rasch verderben. Als Besonderheit gilt ein Weingarten-Pfirsich-Likör aus den Blättern des Bäumchens.

Rezepte

WEINGARTEN-PFIRSICH-CHUTNEY

Fruchtiges aromatisches Chutney, passt gut zu Camembert und gebratenem Gemüse

- 1.300 g Weingarten-Pfirsiche, entsteint
- 300 g Äpfel, geschält und entkernt
- 250 ml Apfelessig
- 100 g Rosinen
- 2 gr. Zwiebel
- 1 Bio-Limette
- 2 EL Ingwer, gerieben
- 1 TL Kurkuma, gemahlen
- ½ TL Kardamom, gemahlen
- ¼ TL Nelkenpulver
- ½ TL Zimtpulver
- 500 g Gelierzucker 2:1

Weingarten-Pfirsiche häuten und in kleine Würfel schneiden. Zwiebeln schälen. Äpfel und Zwiebeln ebenso klein würfeln. Von der Limette die grüne Schale abreiben und den Saft auspressen. Essig, Äpfel, Zwiebeln, Rosinen und Ingwer in einen großen Topf geben und 30 Minuten dünsten, bis die Zwiebeln weich sind. Dann die Weingarten-Pfirsiche, Limettensaft, Schale sowie die Gewürze zugeben und 5 Minuten weiterköcheln lassen. Nun den Gelierzucker unterrühren und weitere 5 Minuten weiterkochen, dabei regelmäßig rühren. Das Chutney in vorbereitete saubere Gläser füllen und sofort verschließen.

PRAXISTIPP

Für dieses Chutney ist es besser, nicht ganz reife, sondern noch knackige Früchte zu verwenden. Vor dem Häuten die Früchte mit heißem Wasser übergießen und kalt abschrecken.

WEINGARTEN-PFIRSICH-ZITRONENQUITTEN-MARMELADE

- 900 g Weingarten-Pfirsiche, entsteint
- 200 g Zitronenquitten, entkernt
- 500 g Gelierzucker 2:1

Weingarten-Pfirsich-Hälften und Zitronenquitten in einem großen Topf mit einigen EL Wasser in 15–20 Minuten weichdünsten. Anschließend mittels Passiergerät (Flotte Lotte) passieren oder durch ein Sieb streichen. Das Fruchtmus mit dem Gelierzucker gut verrühren und langsam unter Rühren bis zum Kochen erhitzen. Nach einer Kochzeit von 3 Minuten wird die Marmelade in vorbereitete saubere Gläser gefüllt und sofort verschlossen.

PRAXISTIPP

Wenn im Haushalt keine kleinen Kinder leben und eine neue Geschmacksnote gefragt ist, kann man die Marmelade mit einem Schuss Aperol aromatisieren. Uns schmeckt diese Variante besonders gut!

Weingarten-Pfirsche lassen sich auch gut mit Sanddorn kombinieren.

LIKÖR AUS PFIRSICHBLÄTTERN

1.000 ml kräftiger Rotwein
200 ml Cognac
25 St. Würfelzucker
¼ Vanilleschote
120 Weingarten-Pfirsich-Blätter

Saubere, trockene Pfirsichblätter in ein großes Glas geben und mit Wein aufgießen. Die Zuckerwürfel und die Vanilleschote dazugeben und darauf achten, dass die Blätter vom Wein bedeckt sind. Mit einem Deckel dicht verschließen und vor Sonne geschützt an einem warmen Platz 40 Tage ziehen lassen. Einige Male das Glas vorsichtig schwenken, dabei den Zucker aufschütteln. Nach 40 Tagen den Likötansatz über ein Sieb abgießen und mit Cognac vermischen. Den Likör in verschließbare Flaschen füllen und eine weitere Woche ruhen lassen. Nun schmeckt der Likör intensiv nach Pfirsichen und Bittermandel. Ein herrlicher Aperitif!

PRAXISTIPP

Weingarten-Pfirsich-Likör verliert nach einigen Monaten langsam sein intensives Aroma. Daher besser vorher genießen!

GEWÖHNLICHER WEISSDORN (*Crataegus monogyna*, ROSENGEWÄCHSE)

Anspruchsloser großer Strauch bis kleiner Baum mit weißen, etwas unangenehm duftenden Blüten und leuchtendroten, leicht mehlig schmeckenden, kleinen Apfelfrüchten zur Weiterverarbeitung

Wuchsform: Großstrauch bis Kleinbaum
Verwendung: Verarbeitungsfrüchte

Pflanzenportrait

Der Weißdorn kommt von Europa bis Westasien und in Nordafrika vor. Neben dem Eingriffeligen oder Gewöhnlichen Weißdorn kommt bei uns noch der sehr ähnliche Zweigriffelige Weißdorn (*Crataegus laevigata*) vor. Letzterer unterscheidet sich durch die weniger eingeschnittenen Blätter, die zweigriffeligen Blüten, die etwas frühere Blütezeit und den geringeren Fruchtansatz. Die hier gemachten Angaben beziehen sich deshalb auf beide Arten.

Der Weißdorn ist ein dichter, sparriger, bedornter Großstrauch oder kleiner Baum von 4–6 m Wuchshöhe und etwa 3 m Breite. Er kann sehr alt und dann mitunter bis 10 m hoch werden, dabei einen Stammumfang von 70 cm erreichen.

Seine 3–7-lappigen Blätter sind sehr klein (bis 3 cm) und bis zur Mittelrippe eingeschnitten. Im Mai öffnen sich die in Schirmrispen angeordneten, stark duftenden weißen Blüten in so großer Anzahl, dass die Sträucher ganz weiß erscheinen. Von September bis Oktober reifen dann die kleinen roten apfelförmigen Früchte.

Standort, Verwendung im Garten

Wegen ihrer Anspruchslosigkeit an Boden und Klima sind Weißdorn-Sträucher wichtige Landschafts- und Heckengehölze. Obwohl sie attraktive Blüten- und Fruchtsträucher sind, wird man sie nur in sehr großen Hausgärten verwenden können. Entweder als Solitärbaum oder in einer naturnahen Wildgehölz-Hecke, die einen Platzbedarf von zumindest 2–3 m hat.

Der Weißdorn ist anpassungsfähig, kalkliebend und bevorzugt tiefgründige, mittelschwere bis nahrhafte Böden in sonnigen Lagen.

Schnittmaßnahmen erübrigen sich.

Allgemeines

Sie sind ökologisch besonders wertvoll, da sie für zahlreiche Tierarten als Lebensraum (vor allem Vögel und Insekten) und Futterquelle dienen.

Eine Samenvermehrung ist möglich, dazu müssen die Samen gleich nach der Ernte ausgewaschen werden und nach dem Stratifizieren (Einschichten in feuchtem Sand und bei +/–0 °C für einige Wochen lagern) gleich im Frühjahr ausgesät werden. Man kann auch Absenker zur Bewurzelung bringen.

Leider ist der Weißdorn eine für den Feuerbrand anfällige Wirtspflanze. Auch Krankheiten und Schädlinge, die bei Obstbäumen auftreten, können beim Weißdorn vorkommen.

Weißdorn-Sämlinge werden oft als Unterlagenpflanzen für andere Vertreter der Rosengewächse (z. B. Eberesche etc.) verwendet.

Gesundheitliche Wirkung

In mittelalterlichen Kräuterbüchern findet der Weißdorn als Herzstärkungsmittel Erwähnung. Nicht nur die Früchte, auch Blätter und Blüten werden für medizinische Zwecke verwendet. Weißdorn wird als Tee oder Alkohol-Auszug insbesondere bei Herz- und Kreislaufstörungen sowie bei Nervosität empfohlen.

Der Weißdorn ist ein wichtiges pflanzliches Arzneimittel zur Behandlung des Altersherzens.

Wissenschaftlich belegt ist dabei die Anwendung bei nachlassender Leistungsfähigkeit des Herzens, die mit einer leichten Einschränkung der körperlichen Belastbarkeit einhergeht, und bei nervösen Herzbeschwerden.

Als Arzneidroge werden Weißdornblätter, Weißdornblüten und Weißdornfrüchte verwendet.

Früchte

Weißdornfrüchte sind apfelartige, 8–9 mm große dunkelrote Früchte, die im September/Oktober reifen. Sie enthalten entweder 1 oder 2 Steinkerne, wenig Fruchtfleisch und schmecken mehlig und fade.

An Inhaltstoffen sind Vitamin C (bis 230 mg/100 g), Zucker (bis 19 g/100 g) sowie Gerbstoffe, ätherische Öle, Pektin, Eiweiß und Mineralstoffe enthalten. Auch Farbstoffe wie Flavonoide, Carotine und Anthocyane sind erwähnenswert.

Empfehlenswerte Sorten

'Autumn Glory' ist eine Sorte des Zweigriffeligen Weißdorns mit besonders großen glänzenden Früchten und guter Blattgesundheit. Die meisten anderen Sorten unterscheiden sich von der Art entweder durch andere Blütenfarben (rosa, weiß oder gefüllt) bzw. durch andere Wuchsformen und sind deshalb vorwiegend als Ziergehölze im Garten in Verwendung.

Es gibt zahlreiche weitere Arten des Weißdorns, die wegen ihrer Früchte besonders empfehlenswert sind.

Auch die Früchte weiterer als Ziersträucher verwendeter Arten (z. B. Apfeldorn, Scharlachdorn, Pflaumendorn und deren Hybriden) sind ebenfalls in ähnlicher Weise als „Wildobst" verwertbar.

Ernte & Lagerung

Die Wildformen der Weißdorn-Arten sind sehr dornig, deshalb immer mit geeigneten Handschuhen ernten. Zudem sind die Früchte der Wild-Arten kleiner als Kultur-Formen. Reifezeit ist im September, wenn sich die Früchte intensiv rot färben.

Weißdorn-Früchte können einige Tage gekühlt gelagert werden. Die Früchte können tiefgefroren, getrocknet oder in Alkohol eingelegt haltbar gemacht werden. Tiefgefroren kann man die Azaroldorn-Früchte ein Jahr lagern und zu einem späteren Zeitpunkt verarbeiten.

Verarbeitung der Früchte

Aus Weißdorn-Früchten kann man Fruchtaufstrich, Gelee, Chutney, Fruchtwein, Tinkturen und vieles mehr zubereiten. Weißdorn-Früchte enthalten viel Pektin, sind also sehr gut gelierfähig.

Auch die Blätter und die Blüten des Weißdorn-Strauches können verarbeitet werden.

Rezepte

WEISSDORN-CHUTNEY

Cremiges würziges Chutney

300 g Weißdornfrüchte
1 Vanilleschote
100 ml Apfelsaft
300 g frische Feigen
½ Apfel
1 Zwiebel
½ TL Bio-Orange (Abrieb)
100 ml Weißweinessig
1 Stück frischer Ingwer, ca. 1 cm
150 g brauner Zucker
½ TL Zimt
1 Msp. Nelken, gemahlen
½ TL Kreuzkümmel, gemahlen
5 Korianderkörner
Salz
Pfeffer

Die Weißdornbeeren waschen, verlesen und gut abtropfen lassen. Die Vanilleschote der Länge nach aufschneiden und das Mark entnehmen. Zusammen mit den Beeren und dem Apfelsaft in einen Topf geben und über Nacht ziehen lassen.

Am nächsten Tag langsam bis zum Kochen erhitzen und etwa 10 Minuten köcheln lassen, bis die Beeren weich sind. Dann mit einer Passiermühle (Flotte Lotte) die Kerne entfernen.

Die Feigen waschen, Stängel und schadhafte Stellen entfernen und in grobe Stücke schneiden. Den Apfel schälen, vom Kerngehäuse befreien und in Stücke schneiden. Die Zwiebel schälen und klein würfeln, den Ingwer schälen und fein reiben.

Das Weißdorn-Fruchtmus mit den anderen Zutaten, den Gewürzen und dem Essig aufkochen. Die Temperatur zurücknehmen und unter oftmaligem Rühren etwa 20 Minuten köcheln lassen, bis die gewünschte Konsistenz erreicht ist. Vorsicht, brennt ganz leicht an! Mit Salz und Pfeffer abschmecken, sofort in vorbereitete saubere Gläser füllen und gut verschließen.

WEISSDORN-WEIN FÜRS HERZ

150 g frische Weißdorn-Früchte
1 l guter Rotwein
2 Stängel Melisse

Die Weißdorn-Früchte waschen, verlesen und mit einem Mörser etwas quetschen. In einem geeigneten Glas die Früchte mit Rotwein übergießen und zusammen mit der Melisse an einem warmen dunklen Ort 14 Tage ziehen lassen. Anschließend den Ansatz abseihen, ausdrücken und durch ein Tuch filtrieren. Der Weißdornansatz kann nun in kleine Flaschen abgefüllt werden. Kühl und dunkel gelagert, ist der Wein 6 Monate haltbar. Regelmäßig angewendet, soll der Weißdorn-Wein das Herz stärken und auch gegen Liebeskummer helfen.

AZAROLDORN-MARMELADE

Azaroldorn-Früchte gelieren, wie Weißdorn-Früchte, sehr gut und brennen während des Kochvorganges auch sehr leicht am Topfboden an. Wir verwenden für die Zubereitung dieser Früchte einen Topf mit Antihaft-Beschichtung, das erleichtert die Arbeit. In Italien werden die Früchte in Grappa eingelegt, in Honig konserviert oder es werden Marmeladen daraus zubereitet.

500 g Azaroldorn-Früchte
150 g Gelierzucker 2:1
300 ml Wasser

Die Früchte waschen, abtropfen lassen und verlesen. In einem geeigneten Topf die Früchte in ca. 1 Liter Wasser 10–15 Minuten weichkochen. Die Früchte abseihen, dabei 300 ml des Kochwassers auffangen und beiseite stellen. Die Früchte werden mittels Passiermühle (Flotte Lotte) von den Kernen befreit. Nun das gewonnene Fruchtmus in einem großen Topf mit 300 ml Kochwasser und dem Zucker gut verrühren und unter ständigem Rühren zum Kochen bringen. Nach 3 Minuten Kochzeit die fertige Marmelade in vorbereitete saubere Gläser füllen und gut verschließen.

PRAXISTIPP

Dieses italienische Rezept kann mit allen Weißdorn-Arten nachgekocht werden.

WEISSDORN, CHINESISCHER

(Verarbeitung und Rezepte siehe Weißdorn, Gewöhnlicher, S. 163 f.)

Chinesischer Weißdorn (*Crataegus pinnatifida*) ist in Nordostasien und China beheimatet. Er wird in der Heimat bereits seit mehr als 2.000 Jahren als Kulturpflanzen angebaut. Auffallend sind seine bis zu 8 cm großen, tief eingeschnittenen Blätter und die etwa 1,5 cm großen dunkelroten gepunkteten Früchte. Sie besitzen interessante pharmakologisch einsetzbare Inhaltstoffe. Die Produkte dieses Weißdorns werden in den Heimatländern in der Volksmedizin bei

Verdauungsstörungen und Durchfall-Erkrankungen verwendet. Außerdem werden zahlreiche Sorten wegen der essbaren Früchte angepflanzt.

Die Varietät var. *major* wird bei uns wegen der bis 3 cm großen rundlichen, fein punktierten Früchte kultiviert. Ihr Geschmack ist mehlig säuerlich, es lassen sich daraus verschiedene Produkte wie Gelee, Marmelade und kandierte Früchte bereiten.

Auch die Früchte weiterer als Ziersträucher verwendeter Arten (z. B. Apfeldorn, Scharlachdorn, Pflaumendorn und deren Hybriden) sind ebenfalls in ähnlicher Weise als „Wildobst“ verwertbar.

WEISSDORN, RAINFARN- ODER TANACETUMBLÄTTRIGER

(Verarbeitung und Rezepte siehe Weißdorn, Gewöhnlicher, S. 163 f.)

Rainfarn- oder Tanacetumblättriger Weißdorn (*Crataegus tanacetifolia*) stammt aus Westasien. Seine Triebe sind filzig und die eingeschnittenen Blätter zottig behaart. Die etwa 2,5 cm großen apfelförmigen, leicht kantigen Früchte können gelblich oder rot gefärbt sein. Sie fallen sehr frühzeitig im September ab. Der Geschmack der Früchte ist sehr angenehm süßsäuerlich, Marmelade aus den Früchten schmeckt außerordentlich fein.

ZITRONENQUITTE (*Chaenomeles japonica* 'Cido', ROSENGEWÄCHSE)

© E. Kuntschke

Kleiner, leicht bedornter Strauch mit ziegelroten Blüten und sehr sauren, Vitamin-C-haltigen gelben Apfelfrüchten

Wuchsform: Kleinstrauch
Verwendung: Verarbeitungsfrüchte

Pflanzenportrait

Innerhalb der Zierquitten unterscheidet man im Wesentlichen drei Gruppen. Die Chinesische oder Hohe Scheinquitte (*C. speciosa*) mit etwa 3–4 m Wuchshöhe und -breite. Diese Art wird wegen ihrer Wuchsstärke oft als Heckenpflanze verwendet.

Die am häufigsten verwendeten Ziersorten werden als Zierquitten (*Chaenomeles* x *superba*) bezeichnet. Dabei handelt es sich um Kreuzungen zwischen der starkwüchsigen Chinesischen und der schwachwüchsigen Japanischen Zierquitte. Dementsprechend reicht ihr Blütenspektrum von Weiß über Orange bis Rot, ihre Wuchshöhe liegt zwischen 1,5 und 2,0 m.

Am schwachwüchsigsten ist die Japanische oder Niedrige Zierquitte (*Chaenomeles japonica*). Die untenstehenden Angaben beziehen sich im Wesentlichen auf *Chaeneomeles japonica* 'Cido'.

Die Japanische oder Niedrige Zierquitte wächst sparrig und wird etwa 1 m hoch und ebenso breit. Innerhalb dieser Art wurde in Lettland eine dornenlose Selektion mit sehr hohem Vitamin-C-Gehalt ausgelesen und als Sorte 'Cido' in den Handel gebracht. Sie wird in Baumschulen meist als 'Cido'-Buschquitte oder Zitronenquitte angeboten. Der sommergrüne Strauch trägt bis 5 cm lange wechselständige, stängelumfassende Blätter. Ihre schalenförmigen, ziegelroten bis orangeroten, 3–4 cm großen Blüten entwickeln sich an Kurztrieben der älteren Zweige. Sie sind selbstfruchtbar und erscheinen knapp vor oder mit den Blättern im April. Meist stehen sie zu 2–4 zusammen. Daraus entwickeln sich kleine apfelförmige Früchte, die von September bis Oktober reifen.

Standort, Verwendung im Garten

Schein- oder Zierquitten sowie die Zitronenquitte sind attraktive Gartensträucher mit langer Blütezeit und hohem Zierwert. Sie benötigen einen halbsonnigen bis sonnigen Standort. Ein normaler nährstoffreicher Gartenboden mit neutraler bis leicht saurer Bodenreaktion und mäßiger Bodenfeuchte reicht für gutes Wachstum. Nur stark kalkhaltige Böden meiden sie, unter diesen Bedingungen könnte Chlorose auftreten. Zierquitten sind auch in kälteren Regionen noch gut winterhart (bis –28 °C).

Schnittmaßnahmen sind in den ersten Jahren nicht notwendig. Später sollte man die zu dicht stehenden Triebe herausschneiden, damit man bei der Ernte besser zu den Früchten im Inneren der Sträucher gelangt.

Allgemeines

Theoretisch kann man die Früchte von allen Zierquitten, auch jene der hochwachsenden Gartenformen, verwerten. Allerdings müsste man vorher testen, wie sie schmecken, denn die Früchte mancher Sorten schmecken etwas „parfümiert“.

Eine Samenvermehrung ist möglich, aber die Pflanzen spalten sich auf, das bedeutet, dass die Nachkommen in Wuchs, Blütenfarbe und Fruchteigenschaften etwas unterschiedlich sind. Man kann auch Wurzelschnittlinge oder Abrisse von angehäufelten Pflanzen machen. Grünstecklinge im Sommer sind ebenfalls möglich.

Gelegentlich kann Monilia-Fäule an Trieben und Früchten auftreten. Befallene Teile sind sorgfältig zu entfernen und zu entsorgen. Zierquitten zählen wie viele andere Pflanzen aus der Familie der Rosengewächse zu den Feuerbrand-Wirtspflanzen (mäßig anfällig).

Gesundheitliche Wirkung

Bei den Griechen und Römern galt die Quitte als Sinnbild der Fruchtbarkeit und einer glücklichen Ehe. Jungen Brautleuten setzte man die Quitte vor, um Kindersegen zu spenden. Werdenden Müttern wurde empfohlen, von Zeit zu Zeit Quitten zu essen, um kluge Kinder zu bekommen.

Volksmedizinisch wird Quitten therapeutischer Erfolg zur Behandlung von Durchfallerkrankungen zugesprochen.

Früchte

'Cido'-Früchte sind leicht gerippt oder gefurcht, gelb gefärbt und dünnschalig. Ihr Fruchtfleisch ist festfleischig, stark aromatisch und sauer. Sie sind etwa 4–5 cm groß und ihr Fruchtgewicht beträgt 30–60 g.

Die Früchte der 'Cido'-Buschquitte besitzen einen sehr hohen Säure- und Vitamin-C-Gehalt und können als Zitronenersatz verwendet werden. Deshalb wird sie manchmal auch als „Nordische Zitrone“ bezeichnet. Die Früchte enthalten bis zu 145 mg/100 g Vitamin C, 2–3 % Zucker, bis zu 7,2 % Fruchtsäuren und weisen darüber hinaus einen hohen Mineralstoff- und Phosphorsäuregehalt auf.

Die Früchte reifen ab September bis Oktober. Sie müssen vor den ersten Frösten geerntet werden.

In Lettland werden Scheinquitten auf mehr als 100 ha angebaut, die Früchte werden industriell verarbeitet.

Empfehlenswerte Sorten

'Cido' ist die Sorte mit dem höchsten Vitamin-C-Gehalt. Weitere Fruchtsorten sind 'Friesdorfer 205' mit ovalen bis rundlichen Früchten sowie 'Fusion' mit länglich birnenförmigen Früchten. Natürlich kann man auch die Früchte von Zierformen der Zierquitte verwenden. Diese schmecken allerdings nicht so intensiv und ihr Vitamin-C-Gehalt ist auch deutlich niedriger.

Ernte & Lagerung

Die Ernte der gelben, aromatisch duftenden Früchte erfolgt ab Ende September bis Oktober vor dem Frost. Die Früchte sitzen ungestielt fest an den Zweigen. Mit einem leichten Dreh lassen sich die reifen Früchte problemlos von den Zweigen lösen. Allerdings sollte man bei der Ernte feste Lederhandschuhe benutzen, denn die Zweige sind recht dornig und können leicht zu Verletzungen führen.

Zitronenquitten können in kühlen Räumen problemlos einige Monate gelagert werden.

Verarbeitung der Früchte

Die Früchte können ungeschält verarbeitet werden. Wir vierteln die Früchte, entfernen die Kerne und, je nach Endprodukt, werden sie in wenig Wasser weich gedünstet oder roh entsaftet. Dies gelingt sehr gut mit einer Beerenpresse oder Saftzentrifuge. Den Saft füllen wir in kleinen Portionen, beispielsweise in Eiswürfelbehälter, oder in Portionsbeutel für Eiswürfel ab. Das Ganze wird tiefgefroren und man kann ganz einfach Einzelportionen, zum Beispiel als Ersatz für Zitronensaft oder als Eiswürfel in Getränke, entnehmen.

Fruchtsaftausbeute: 60 % der Gesamtmasse.

Weich sind die Früchte bereits nach 10–15 Minuten Dünsten und sie können nun ohne große Anstrengung mittels Passiergerät zu einem homogenen Fruchtbrei verarbeitet werden. Entsaften kann man die rohen Früchte mittels Saftzentrifuge oder mit einer Obst- und Beerenpresse. Da die Zitronenquitte sehr gut geliert, verwenden wir diese Frucht in vielen Mischmarmeladen.

Rezepte

ZITRONENQUITTEN-CHUTNEY

(Quelle: „Kraut und Rüben", Ausgabe 09/2019, S. 51)

300 g Zitronenquitten
2 mittelgroße Zwiebeln
20 g frischer Ingwer
1 Knoblauchzehe
6 EL Olivenöl
200 ml Apfelsaft
200 g Zucker
100 g Rosinen
1 TL Zimt
4 Nelken
1 TL Curry
Salz, Pfeffer, Essig, Chilipulver oder Chilisauce

Die frischen Zitronenquitten-Früchte gründlich säubern, vierteln und das Kerngehäuse entfernen. Nun die Zwiebeln, Ingwer und Knoblauch schälen, fein hacken oder schneiden. Olivenöl in einem Topf erhitzen, Zwiebeln, Ingwer und Knoblauch darin andünsten. Zitronenquitten hinzufügen und kurz mitdünsten. Mit Apfelsaft aufgießen und kurz aufkochen lassen. Nun den Zucker zugeben und das Chutney bei wenig Hitze 30–40 Minuten einkochen lassen. Rosinen, Zimt, zerkleinerte Nelken oder Nelkenpulver und Curry dazugeben und mit Salz und Pfeffer abschmecken. Mit einem Mixstab das Chutney etwas zerkleinern, es soll nur sämiger werden. Mit Essig und Chili je nach Geschmack verfeinern.

FEIGEN-ZITRONENQUITTEN-MARMELADE

800 g Feigen, geputzt
400 g Zitronenquitten, entkernt
500 g Gelierzucker 2:1

Die geputzten Feigen werden in grobe Stücke geschnitten, Zitronenquitten geviertelt und entkernt. Beide Früchte in einen Topf geben und mit einigen EL Wasser langsam erhitzen. Dabei gut überwachen und öfter rühren. Wenn die Zitronenquitten weich sind, mit einem Mixstab die Früchte nach Belieben pürieren. Nun den Gelierzucker hinzufügen und gut verrühren. Die Marmelade langsam unter Rühren bis zum Kochen erhitzen. Vorsicht! Verbrennungsgefahr, da das Fruchtmus stark spritzt und blubbert.

Anschließend die Marmelade sofort in vorbereitete saubere Gläser abfüllen und gut verschließen.

PRAXISTIPP

Da die Feigen süß sind und die Zitronenquitten hervorragend gelieren, kann man einiges an Zucker einsparen.

Zitronenquittenmarmelade

DIE AUTOREN

ADELE PIRC

Diplomierte Gesundheits- und Krankenschwester, Ausübung des Berufes über 30 Jahre. Zusätzlich Ausbildung zur „Akademischen Expertin für Gartentherapie“. Seit etwa 15 Jahren intensive Beschäftigung mit der Verarbeitung und Veredelung von Wildobst und seltenen Obstarten. Betriebsleiterin eines landschaftlichen Betriebes mit integrierter Wildobstanlage. Verarbeitung der Früchte sowie Verkauf der Produkte im Wildobstladen am Hof und im Online-Shop. Vortragstätigkeit und Seminargestaltung zu diesem Thema.

Aufgewachsen am elterlichen Bauernhof in Muggendorf hatten wir Kinder schon früh Kontakt mit Obst am Hof und dem Wildobst, welches im Jahreslauf gesammelt wurde, sei es als Nahrungsmittel oder als Genuss- und Heilmittel. Unsere Eltern und Großeltern haben uns zu diesem Thema einiges an Wissen vermittelt.

Durch die Ausbildung zur Gartentherapeutin wurde ich darin bestärkt, mich wieder intensiver mit diesem Themenkreis auseinanderzusetzen. Seit mehr als einem Jahrzehnt habe ich die Möglichkeit, mich dem Wildobst und besonderen Obstarten verstärkt zu widmen. Auf unserem Hof kultivieren wir derzeit mehr als hundert Arten und Sorten besonderer und seltener Obstarten nach biologischen Richtlinien. Die Verarbeitung und Veredelung unserer Früchte ist mir ein besonderes Anliegen. Inzwischen produzieren wir eine ganze Palette von exquisiten Produkten, welche exklusiv im eigenen Wildobst-Laden und in unserem Web-Shop angeboten werden.

HELMUT PIRC

Gärtner, Biologe und Gehölzexperte. 30 Jahre lang Lehrer & Abteilungsleiter (Gehölzkunde & Baumschulwesen) an der Höheren Bundeslehr- und Forschungsanstalt für Gartenbau in Wien Schönbrunn, seit 2019 im Ruhestand. Vortragender und Autor zahlreicher Fachpublikationen, Buchautor, Reisevorträge. Weltenbummler mit botanischen/dendrologischen Interessen.

Bereits als Kind habe ich die ersten Erfahrungen mit Wildobst gemacht. Gemeinsam mit den älteren Geschwistern wurden wir im Sommer in den Wald geschickt, um wildwachsende Heidelbeeren, Himbeeren und Brombeeren zu pflücken. Die Früchte wurden zu Saft und Marmeladen verarbeitet. Süße Naschereien gab es, abgesehen von den Marmeladen, ohnehin kaum, außerdem war diese eine willkommene Ergänzung zu dem damals recht kargen Lebensmittelangebot.

Während meines Studiums der Biologie war die Naturgartenidee gerade aktuell und ich konnte unter anderem das Wildobst aus dieser Sichtweise erleben. Und als Leiter der Abteilung Gehölzkunde und Baumschulwesen an der Höheren Bundeslehr- und Forschungsanstalt für Gartenbau in Wien Schönbrunn lernte ich erstmals die großfruchtigen Selektionen der Kornelkirsche kennen. Niemand interessierte sich damals für seltene Obstarten oder Wildobst, die Zeit war noch nicht reif. Für mich begann aber von diesem Zeitpunkt an meine Sammelleidenschaft zu wachsen. Im Laufe der Jahre konnte ich eine umfangreiche Sammlung von seltenen und besonderen Obstarten aufbauen. Der Kontakt zu zahlreichen Züchtern von seltenen und besonderen Obstarten und meine eigene jahrzehntelange Erfahrung machten es mir möglich, die Enzyklopädie mit dem Titel „Wildobst und Seltene Obstarten“ zu verfassen.

© A. Gayraud

Inzwischen haben Wildobst und Seltene Obstarten wieder die Bedeutung erlangt, die ihnen zusteht.

Die Menschen besinnen sich wieder auf gesundes Obst, das ohne viel Pflanzenschutzmittel produziert wird.

Auch die Medien – sowohl das Fernsehen als auch diverse Zeitschriften – berichten regelmäßig über den gesundheitlichen Wert dieser Obstarten. In mehreren Büchern wurde dieses Thema inzwischen (mitunter recht oberflächlich) bearbeitet.

DANKSAGUNG

An dieser Stelle möchten wir uns bei Fritz & Sefi Kummert sowie bei Sigi Tatschl für den intensiven Informationsaustausch bzw. für das zur Verfügung gestellte Pflanzenmaterial und die Früchte bedanken. Ebenfalls bedanken möchten wir uns bei Heidi Emminger, sie hat uns ihr Wissen für das Kapitel „Gesundheitliche Wirkung" zur Verfügung gestellt. Weiters gilt unser Dank Mag. Heike Pekarz, die sich als Lektorin im Leopold Stocker Verlag besonders für unsere Wünsche eingesetzt und das Buch mit großer Begeisterung lektoriert hat.

BEZUGSQUELLEN

DEUTSCHLAND

Ahornblatt
Untere Zahlbacher Straße 1a
55131 Mainz-Zahlbach
+49 (0) 6131 / 72 354
Nachricht@Ahornblatt-Garten.de
www.Ahornblatt-Garten.de

Ahrens+Sieberz GmbH & Co KG
Hauptstraße 440
53721 Siegburg
+49 (0) 1805 / 14 05 015
www.as-garten.at
www.as-garten.at

Baumschule Ritthaler
Dietschweiler Straße 20
66882 Hütschenhausen
+49 (0) 6372 / 58 80
Info@BaumschuleRitthaler.de
www.BaumschuleRitthaler.de

Eggert Pflanzenhandel
Baumschulenweg 2
25594 Vaale
+49 (0) 4827 / 93 26 27
verkauf@eggert-baumschule.de
www.eggert-baumschule.de

Gärtner Pötschke GmbH
Beuthener Straße 4
41564 Karst
+49 (0) 1805 / 86 11 00
info@pötschke.de
www.poetschke.de

Bioland Obstbaumschule Ute Hoffmann
Uepser Heide 1
27330 Asendorf
+49 (0) 4253 / 800622
ute.hoffmann@hoffmann-obstbaumschule.de
www.hoffmann-obstbaumschule.de

Gärtnerei Naturwuchs
Bardenhorst 15
33739 Bielefeld
+49 (0) 521 / 98 81 778
info@naturwuchs.de
www.garden-shopping.de

Lubera GmbH
Im Vieh 8
26160 Bad Zwischenahn OT Ekern
+49 (0) 4403 / 98 47 590
info@lubera.com
www.lubera.com

Manufactum GmbH & Co KG
Hiberniastraße 5
45731 Waltrop
+49 (0) 2309 / 93 900
info@manufactum.de
www.manufactum.de

Pflanzmich GmbH
Elbchaussee 136
22763 Hamburg
+49 (0) 40 / 60 76 91-0
service@pflanzmich.de
www.pflanzmich.de

Späth'sche Baumschulen Handel GmbH
Späthstr. 80/81
12437 Berlin
+49 (0) 30-63 90 03-0
info@spaethsche-baumschulen.de
www.spaethsche-baumschulen.de

Friedersdorfer Baumschulen
Müller & Twisselmann GbR
Berliner Str. 38
15754 Heidesee – OT Friedersdorf
+49 (0)33767 30300
mut@baumschule-friedersdorf.de
www.baumschule-friedersdorf.de

ÖSTERREICH

Arche Noah
Obere Straße 40
A-3553 Schiltern
02734 / 8626
info@arche.noah.at
www.arche-noah.at

Anton Starkl GesmbH
Gärtnerstraße 4
A-3430 Frauenhofen/Tulln
02272 642 42
office.tulln@starkl.at
www.starkl.at

SILVA NORTICA Waldviertler
Bio-Baumschulbetrieb Artner
Reichenau am Freiwald 9
A-3972 Bad Großpertholz
02857/2970
artner@biobaumschule.at
www.artner.biobaumschule.at

Praskac Pflanzenland GmbH
Praskacstraße 101–108
A-3430 Tulln
02272 62460
office@praskac.at
www.praskac.at

Baum u. Rebschule Schreiber KG
Im Gmirk 3
2170 Poysdorf
02552/2676
robert@schreiber-baum.at
www.schreiber-baum.at

SCHWEIZ

HÄBERLI Fruchtpflanzen AG
Stocken
CH-9315 Neukirch-Egnach
+41 (0)71 555 37 80
info@haeberli-beeren.ch
www.haeberli-beeren.ch

Baumschule Rafz
Hauenstein AG
Landstrasse 42
CH-8197 Rafz
+41 (0) 44 879 11 22
www.hauenstein-rafz.ch

VERWENDETE UND WEITERFÜHRENDE LITERATUR

Albrecht, H.-J., 2018: Wildes Obst. Seltenes Obst für den Garten. BLV-Verlag, München.

Beiser, R., 2019: Geheimnisse der Hecken. E. Ulmer Verlag, Stuttgart.

Heistinger A., Arche Noah, 2016: Das große Biogarten-Buch. 4. Auflage. Löwenzahn Verlag, Innsbruck.

Jahresheft 2014: Div. Autoren – Themenschwerpunkt Kiwibeere, S. 4–59, Pomologen-Verein e. V., Hamburg.

Judd, M., 2019: For the Love of PawPaws. A Mini Manual for Growing and Caring for PawPaws – from Seed to Table. Editor Wendy Hoover, USA (Versa Press).

Kleinz, N., 2016: Ur-Obst, wurzelecht und pflegeleicht, 200 Sorten. Leopold Stocker Verlag, Graz.

Löser, F. & E.: Quitte. Herkunft, Anwendungen und Rezepte. Demmler Verlag, Ribnitz-Damgarten.

Maurer, J., Kajtna, B., Heistinger, A. & Arche Noah, 2016. Handbuch Bio-Obst. Sortenvielfalt erhalten. Ertragreich ernten. Natürlich genießen. Löwenzahn Verlag, Innsbruck.

Pirc, H., 2021: Enzyklopädie der Wildobst- und seltenen Obstarten. 2. Auflage, Leopold Stocker Verlag, Graz.

Regionale Gehölzvermehrung, 2008: Die Schlehe, *Prunus spinosa*. Amt der NÖ Landesregierung, St. Pölten.

Regionale Gehölzvermehrung, 2011: Der Schwarze Holler, *Sambucus nigra* L. Amt der NÖ Landesregierung, St. Pölten.

Regionale Gehölzvermehrung, 2013: Die Asperl, *Mespilus germanica* L. Amt der NÖ Landesregierung, St. Pölten.

Regionale Gehölzvermehrung, 2014: Die Kriecherl, *Prunus domestica* subsp. *insititia* (L.) POIRET. Amt der NÖ Landesregierung, St. Pölten.

Regionale Gehölzvermehrung, 2017: Die Berberitze, *Berberis vulgaris* L. Amt der NÖ Landesregierung, St. Pölten.

Reich, L., 2004: Uncommon Fruits for Every Garden. Timber Press, Portland, Oregon.

Sperl, I., 2016: Wildobst. Schlehe, Hagebutte und Co. für meinen Garten. E. Ulmer Verlag, Stuttgart.

Strauß, M., 2011: Natur und Genuss, Köstliches von Hecken und Sträuchern. Bestimmen, sammeln und zubereiten. Walter Hädecke Verlag, Weil der Stadt.

Strauß, M., 2015: Natur und Genuss, Die 12 besten Beeren aus Wildsammlung und aus dem Garten. Walter Hädecke Verlag, Weil der Stadt.

Tatschl, S., 2015: 555 Obstsorten für den Permakulturgarten und -balkon. Planen, Auswählen, Ernten, Genießen. Löwenzahn Verlag, Innsbruck.

VERARBEITUNG & REZEPTE

Ages, 2008: Kennzeichnungselemente für Konfitüre, Marmelade, Fruchtaufstrich, Gelee, Obstmus, Kompott und kandierte Früchte. Österr. Agentur für Gesundheit und Ernährungssicherheit GmbH.

Hercules, O., 2017: Kaukasis. Eine kulinarische Reise durch Georgien und Aserbeidschan. Knesebeck GmbH & Co. Verlag KG, München.

Innerhofer, G., 2012: Marmeladen, Konfitüren & Gelees, Selbstgemachte Köstlichkeiten. Leopold Stocker Verlag, Graz.

Lorenz-Ladener, C., 2018: Dörren. Aroma Pur. Ökobuch Verlag, Staufen bei Freiburg.

Mayer, E. & Diewald, M., 2012: Die besten Wildfruchtrezepte. Süß & Pikant. Leopold Stocker Verlag, Graz.

Schinharl, C., 2013: Marmelade selbst gemacht. Einfache Rezepte für Konfitüren, Gelees & Co. Gräfe und Unzer Verlag GmbH, München.

Zemanek, W., 2010: Dörren & Trocknen. Obst, Kräuter, Gemüse und Pilze. Leopold Stocker Verlag, Graz.

GESUNDHEITLICHE WIRKUNG

Hänsel, R., Sticher, O., 2010: Pharmakognosie Phytopharmazie, Verlag Springer

Maciocia, G., 2016: Grundlagen der Chinesischen Medizin, Elsevier

Odermatt, C., Späni, A., 2017: Homöopathie. Das richtige Arzneimittel, rasch gewählt, Narayana Verlag

Pahlow, M., 2013: Das große Buch der Heilpflanzen Gesund durch die Heilkräfte der Natur, Verlag Nikol

Scheffer, M., 2013: Die Original Bachblütentherapie, Verlag Irisiana

Van Wyk, B.-E., Wink, C. & Wink, M., 2015: Handbuch der Arzneipflanzen. Ein Bildatlas. 3., neu bearbeitete und erweiterte Auflage. Wissenschaftliche Verlagsgesellschaft Stuttgart.

Wichtl., 2015: Teedrogen und Phytopharmaka, Ein Handbuch für die Praxis, Verlag Wolfgang Blaschek

https://pubmed.ncbi.nlm.nih.gov/

https://www.edqm.eu/en/databases

https://www.pharmawiki.ch/wiki/index.php?wiki=Wirkstoffe

https://www.carstens-stiftung.de/

https://www.americandragon.com/LatinIndividualHerbIndex2.html

https://www.kup.at/db/phytokodex/

Akebie

https://journals.ashs.org/hortsci/view/journals/hortsci/45/1/article-p4.xml

https://kyotofoodie.com/japanese-fruit-akebi/

Asimina

https://www.ars.usda.gov/pacific-west-area/corvallis-or/national-clonal-germplasm-repository/docs/ncgr-corvallis-asimina-germplasm/

https://m.outdoorrevival.com/instant-articles/how-to-get-rid-of-mosquitoes-in-a-natural-way.html

http://masterwoodsman.com/2014/natural-insect-repellents/

Allgemein

https://www.lms-beratung.de/export/sites/lms/de/.galleries/Publikationen/Infoblatt_Gartenbau/InfoblattGartenbau_download_PDF/Infoblatt_Gartenbau_4-16.pdf

Psychotria

http://othes.univie.ac.at/38827/1/2015-09-15_0609787.pdf

Maibeere

https://de.wikipedia.org/wiki/Iridoide

http://www.mdpi.com/1420-3049/21/9/1157/pdf

Mahonia

https://www.awl.ch/heilpflanzen/mahonia_aquifolium/mahonie.htm

Mispel

https://www.kostbarenatur.net/anwendung-und-inhaltsstoffe/echte-mispel/

https://medlexi.de/Mispel

Maulbeere

https://foodforfitness.de/maulbeere-inhaltsstoffe-wirkung/

Dreiblattzitrone

http://www.andreas-maschke.de/zier_nutzpflanzen/poncirus.html

Kirschpflaume

https://yellowbreadshorts.com/2735-alycha-caloric-content-composition-benefits-and-harm.html

Physalis

https://www.hausgarten.net/obst-obstgarten/beerenobst/physalis-wie-gesund.html

https://de.wikipedia.org/wiki/Kapstachelbeere

Kriecherl

https://www.haut.de/inhaltsstoffe-inci/inci-detail/13312/

https://www.zobodat.at/pdf/Pub-Ver-Regionale-Gehoelzvermehrung_9_0001.pdf

Büffelbeere, Shepherdia

https://eatsmarter.de/ernaehrung/gesunde-lebensmittel/bueffelbeere

https://onlinelibrary.wiley.com/doi/abs/10.1111/1750-3841.12265

https://pfaf.org/user/Plant.aspx?LatinName=Shepherdia+argentea

Japanische Weinbeere

http://helgas-garten.de/japanische-weinbeeren/

Mehlbeere

https://de.wikipedia.org/wiki/Echte_Mehlbeere

Spänling, Spilling

https://expydoc.com/doc/5180215/2015-%C3%B-Cber-den-gelben-sp%C3%A4nling

Aus unserem Programm

ISBN 978-3-7020-1935-8

ISBN 978-3-7020-1212-0

ISBN 978-3-7020-1347-9

ISBN 978-3-7020-1333-2

Leopold Stocker Verlag

Graz – Stuttgart

www.stocker-verlag.com